地质实验实习教程

主 编 严宝文 栗现文
参编 张亚飞 陈 实

黄河水利出版社
·郑 州·

内 容 提 要

本书共分两大部分，主要内容包括：①常见矿物岩石识别的室内地质实验指导。主要包括常见矿物和地壳三大岩的手标本和标本薄片的识别，包括识别方法、工具和识别特征知识。②野外地质实习指导。主要包括五个主要实习点的区域地质条件、实习内容介绍，以及野外地质工作要求、基本工具、工作程序和实习结果评定原则等。

本书可作为水利类及土木类各专业的实践指导教材，也可供从事水利水电专业的工程技术人员参考使用。

图书在版编目（CIP）数据

地质实验实习教程/严宝文，栗现文主编. —郑州：黄河水利出版社，2023.7

ISBN 978-7-5509-3628-7

Ⅰ.①地… Ⅱ.①严… ②栗… Ⅲ.①工程地质-实验-高等学校-教材 Ⅳ.①P642-33

中国国家版本馆 CIP 数据核字(2023)第 134910 号

组稿编辑：杨雯惠　电话：0371-66020903　E-mail：yangwenhui923@163.com

责任编辑　赵红菲　　　　责任校对　杨秀英
封面设计　李思璇　　　　责任监制　常红昕
出版发行　黄河水利出版社
　　　　　地址：河南省郑州市顺河路 49 号　邮政编码：450003
　　　　　网址：www.yrcp.com　E-mail：hhslcbs@126.com
　　　　　发行部电话：0371-66020550
承印单位　河南承创印务有限公司
开　　本　787 mm×1 092 mm　1/16
印　　张　4.5
字　　数　104 千字
版次印次　2023 年 7 月第 1 版　　2023 年 7 月第 1 次印刷

定　　价　15.00 元

前　言

自然地理学和工程地质与水文地质课程作为水利类和土木类专业重点课程群的重要组成部分，是重要的专业基础课程。学生对其知识的掌握程度直接关系到学生对后续专业课知识的学习和掌握，也有助于培养学生广博的思维方式。目前，国内外对该类课程理论教材和实践应用教材的重视程度都处于较高水平，也有多部教材出版，但随着环境地质问题的日益凸显，在线教学方式的迅速发展，教材内容的更新要求日显迫切，这也是本次教材出版的重要目的。

本书共分两大部分，主要内容包括：①常见矿物岩石识别的室内地质实验指导。主要包括常见矿物和地壳三大岩的手标本和标本薄片的识别，包括识别方法、工具和识别特征知识。②野外地质实习指导。主要包括五个主要实习点的区域地质条件、实习内容介绍，以及野外地质工作要求、基本工具、工作程序和实习结果评定原则等。本书由西北农林科技大学严宝文、栗现文担任主编，西北农林科技大学张亚飞和陈实参加编写，研究生李佳玉清绘了部分图件，由严宝文负责全书统稿。

本书注重吸收前沿科研成果，并与水利工程和土木工程建设实际紧密结合。同时，为配合高等教育立德树人任务的要求，本书结合实践教学内容，汇编了部分地质实践课程思政教育素材，以便实践指导教师灵活采用。此外，本书还兼顾在线教学的要求。本书具有涉及知识广泛、内容比较丰富、通俗易懂、图文并茂的特点。

限于作者水平，书中难免存在不足之处，望广大读者批评指正。

编　者

2023 年 5 月

目　录

地质实验指导

实验一　常见矿物的观察与识别

自然界已知的矿物有 3 300 多种,而组成岩石的主要矿物即主要造岩矿物则只有几十种。

一、目的要求

(1)熟悉常见矿物的各种物理特征及其描述方法。

(2)了解物理特征在矿物鉴定中的意义。

(3)初步认识偏光显微镜在矿物鉴定中的作用。

二、实验内容

(一)矿物形态

1. 单体形态

根据单个晶体三度空间相对发育的比例不同,可将晶体形态特征分为一向延长的针柱状、二向延长的片板状(有片状和厚板状)和三向等长的粒状三种。

(1)针柱状——石英(水晶)、角闪石。

(2)片状——云母、绿泥石;厚板状——重晶石。

(3)粒状——石榴子石、黄铁矿、橄榄石、方铅矿。

2. 集合体形态

1)显晶集合体

柱状集合体——普通角闪石、电气石、红柱石;

纤维状集合体——石膏、石棉;

片状集合体——云母、镜铁矿;

粒状集合体——橄榄石、石榴子石;

晶簇——石英、方解石。

2)隐晶及胶态集合体

结核状——钙质结核、黄铁矿结核;

鲕状及豆状——赤铁矿;

钟乳状——方解石;

土状——高岭土。

(二)光学性质

1. 颜色

颜色根据其产生的机理不同可分为自色、他色、假色,但具有鉴定意义的主要为自色。

(1)描述颜色的方法。描述颜色的方法通常有以下两种:

①标准色谱法。是按红、橙、黄、绿、蓝、靛、紫标准色或白、灰、黑等对矿物的颜色进行

描述。若矿物为标准色中的某一种，则直接用其描述，如蓝铜矿为蓝色、辰砂为红色。若矿物不具某一标准色，则以接近标准色中的某一种颜色为主体，用两种颜色进行描述，并把主体颜色放在后面。例如，绿帘石为黄绿色，说明此矿物是以绿色为主，黄色为次。

②实物对比法。把矿物的颜色与常见实物颜色相比进行描述。例如，块状石英呈乳白色，正长石为肉红色，黄铜矿为铜黄色等。

(2)观察矿物比色标本。

(3)注意要点：描述矿物颜色时，应以新鲜干燥矿物为准，如果矿物表面遭受风化而颜色发生了变化，则需刮去风化表面后再进行观察描述。

2. 条痕

条痕是指矿物粉末的颜色，一般是指矿物在白色无釉素瓷板上擦划所留下的痕迹的颜色。条痕色可能深于、等于或浅于矿物的自色。条痕色对不透明的金属、半金属光泽矿物的鉴定很重要；而对透明、玻璃光泽矿物来说，意义不大，因为它们的条痕都是白色或近于白色。

(1)条痕色的描述方法与颜色相似。

(2)擦划条痕时，用力要均匀。

(3)观察测试的矿物应选新鲜标本或标本的新鲜部分。

3. 光泽

根据矿物表面反光的强度，可将矿物的光泽分为金属光泽、半金属光泽、金刚光泽和玻璃光泽四类。

(1)观察矿物光泽标准标本。

(2)金刚光泽和玻璃光泽中，由于矿物表面不平整或在某些集合体表面会产生特殊的变异光泽。注意观察油脂光泽、丝绢光泽、珍珠光泽、蜡状光泽、土状光泽等。

(3)注意要点：观察矿物光泽时，一定要在新鲜面上观察，主要观察晶面和解理面上的光泽。

(三)力学性质

1. 解理

解理是矿物的重要鉴定特征之一。解理按其发育程度分极完全解理、完全解理、中等解理、不完全解理和极不完全解理五级。

(1)观察解理等级：根据解理面的完好和光滑程度及大小，确定其解理等级。注意观察白云母、方解石、普通角闪石、磷灰石、石英的解理发育情况。

(2)初步认识解理组数：矿物中相互平行的一系列解理面称为一组解理。注意观察云母、正长石、方解石、萤石的解理组数。

(3)观察解理面间的夹角：两组及两组以上的解理，其相邻两解理面间的夹角是鉴定矿物的标志之一。注意观察正长石、辉石、角闪石、萤石的解理面间的夹角。

(4)注意要点：肉眼观察矿物的解理只能在显晶质矿物中进行。确定解理组数和解理面间的夹角最好将矿物单体放在偏光显微镜下进行观察。

2. 断口

根据矿物受力后不规则裂开的形态，可将断口分为贝壳状断口、参差状断口、土状断口、锯齿状断口等。观察石英、黄铁矿、高岭土的断口,并确定其类型。

3. 硬度

肉眼观察的是矿物的相对硬度,硬度是以摩斯硬度计了解不同硬度的矿物为标准进行比较而确定的。摩斯硬度计如表 1-1 所示。

表 1-1 摩斯硬度计

摩斯硬度级别	1	2	3	4	5	6	7	8	9	10
矿物名称	滑石	石膏	方解石	萤石	磷灰石	长石	石英	黄玉	刚玉	金刚石

野外工作中为了方便,常采用指甲(硬度约为 2.5)、小刀(硬度约为 5.5)等作为标准测定相对硬度。进行对比测定时,把矿物的硬度分为低、中、高三级。

(1)低硬度 C:硬度小于 2.5,用指甲可以刻动。

(2)中硬度 B:硬度为 2.5~5.5,手指甲不能刻动,小刀易于刻动。

(3)高硬度 A:硬度大于 5.5,用小刀刻不动。

注意要点:刻划矿物用力要均匀。测试矿物时须选择新鲜面,并尽可能选择矿物的单体。

三、仪器用品

放大镜、小刀、无釉素瓷板、正交偏光显微镜、稀盐酸溶液、矿物标本、辉石、角闪石矿物薄片。

四、作业及思考题

(1)按表 1-2 要求描述肉眼所观察的矿物标本的物理特征。

表 1-2 矿物物理特征观察与描述

序号	矿物名称	颜色	形状	光泽	解理级别	硬度	最显著特征
1							
2							
3							
4							
5							
6							
7							
8							

(2)按表 1-3 要求描述正交偏光显微镜下所观察的矿物标本的特征。

表 1-3 正交偏光显微镜下矿物物理特征观察与描述

序号	矿物	颜色	形状	解理组数	解理面的交角	最显著特征
1						
2						

五、常见矿物的主要物理识别特征

(一)黄铁矿 FeS_2

大多呈块状集合体，也有发育成立方体单晶者。立方体的晶面上常有平行的细条纹；颜色为浅黄铜色，条痕呈绿黑色；金属光泽；摩斯硬度 6~6.5；性脆，断口参差状；密度 4.9~5.1 g/cm^3。

(二)黄铜矿 $CuFeS_2$

常为致密块状或粒状集合体。颜色为铜黄色，条痕呈绿黑色；金属光泽；摩斯硬度 3~4，小刀能刻破；性脆；密度 4.1~4.3 g/cm^3。

黄铜矿因颜色较深且硬度小，可与黄铁矿相区别。

(三)方铅矿 PbS

单晶体常为立方体，通常呈致密块状或粒状集合体。颜色为铅灰色，条痕呈灰黑色；金属光泽；摩斯硬度 2~3；有三组解理，沿解理面易破裂成立方体；密度 7.4~7.6 g/cm^3。

(四)闪锌矿 ZnS

常为致密块状或粒状集合体。颜色自浅黄色、棕色、褐色至黑色不等(因含铁量增大而变深)，条痕从白色到褐色；光泽自树脂光泽到半金属光泽；透明至半透明；摩斯硬度 3~4；解理好；密度 3.9~4.2 g/cm^3。

(五)石英 SiO_2

常发育成单晶并形成晶簇，或成致密块状或粒状集合体。纯净的石英无色透明，称为水晶；石英因含杂质可呈各种色调。例如，含 Fe^{3+} 呈紫色者，称为紫水晶；含有细小分散的气态或液态物质呈乳白色者，称为乳石英。

石英晶面为玻璃光泽，断口为油脂光泽；无解理；摩斯硬度 7；贝壳状断口；密度 2.65 g/cm^3。

隐晶质的石英称为石髓(玉髓)，常呈肾状、钟乳状及葡萄状等集合体；一般为浅灰色、淡黄色及乳白色，偶有红褐色及苹果绿色；微透明。

具有多色环状条带的石髓称为玛瑙。

(六)赤铁矿 Fe_2O_3

常为致密块状、鳞片状、鲕状等。条痕呈樱红色；金属光泽、半金属光泽到土状光泽；不透明；摩斯硬度 5.5~6.0，土状者硬度低；无解理；密度 5.0~5.3 g/cm^3。

(七)磁铁矿 Fe_3O_4

常为致密块状或粒状集合体，也常见八面体单晶。颜色为铁黑色，条痕呈黑色；半金属光泽；不透明；摩斯硬度 5.5~6.0；无解理；密度 5.1~5.2 g/cm^3；具强磁性。

(八)褐铁矿

实际上不是一种矿物而是多种矿物的混合物，主要化学成分是 $Fe_2O_3 \cdot H_2O$，并含有泥质及二氧化硅等。颜色从黄褐色至褐黑色；条痕呈黄褐色。常呈土状、块状、葡萄状；硬度不一。

(九)萤石 CaF_2

常能形成致密块状、集合体，或立方体及八面体单晶体。颜色多样，有紫、黄、绿等色，无色的少见;透明;玻璃光泽;摩斯硬度 4;解理好,易沿解理面破裂成八面体小块;密度 3.18 g/cm^3。

(十)方解石 $CaCO_3$

常发育成单晶体,或晶簇、粒状、块状及钟乳状等集合体。纯净的方解石无色透明,因杂质渗入而常呈白、灰、黄、浅红(含 Co、Mn)、绿(含 Cu)等色;玻璃光泽;摩斯硬度 3;解理好,易沿解理面分裂成为菱面体;密度 2.6~2.8 g/cm^3;遇盐酸强烈起泡。

(十一)白云石 $CaMg[CO_3]_2$

单晶体为菱面体,通常为块状或粒状集合体。一般为白色,因含 Fe 常呈褐色;玻璃光泽;摩斯硬度 3.5~4;解理好;密度 2.8~2.9 g/cm^3,含铁高者可达 2.9~3.1。

白云石以在冷稀盐酸中反应微弱,以及硬度稍大而与方解石相区别。

(十二)孔雀石 $Cu_2[CO_3](OH)_2$

常为钟乳状、块状集合体,或呈皮壳附于其他矿物表面。颜色为绿色,条痕呈淡绿色;晶面上为丝绢光泽或玻璃光泽;摩斯硬度 3.5~4;密度 3.9~4.0 g/cm^3;遇冷稀盐酸剧烈起泡。

孔雀石以其特有颜色而易与其他矿物相区别。

(十三)辉石 $(Ca,Mg,Fe,Al)_2[(Si,Al)_2O_6]$

单晶体为短柱状,横断面呈近正八边形,集合体为粒状。颜色为绿黑色或黑色;玻璃光泽;摩斯硬度 5~7;柱面解理中等,两组解理交角约 87°;密度 3.2~3.6 g/cm^3,随着含 Fe 量的增加而增加。角闪石类和辉石类矿物的光学性质对比如表 1-4 所示。

表 1-4　角闪石类和辉石类矿物的光学性质对比

	角闪石	辉石
光学特征差异	1. 晶体一般为长柱状,横断面为菱形的六边形	1. 多为短柱状,横断面为八边形或四边形
	2. 解理夹角约 124°、56°	2. 解理夹角约 87°、93°
	3. 有颜色,多色性很显著(强)	3. 除碱性属种外,大部分辉石在薄片中无色或略带浅色,多色性很不显著
	4. $N_g \wedge c=0°\sim30°$(碱性属种除外)	4. $N_g \wedge c=35°\sim54°$(碱性属种除外)
	5. 大部分为负光性,少部分为正光性	5. 大部分为正光性,很少为负光性
	6. $2V$ 较大,一般大于 70°	6. $2V$ 中等,一般在 60°左右,但有例外
	7. 热液蚀变产物为绿泥石	7. 蚀变产物为次闪石

(十四)高岭石 $Al_4[Si_4O_{10}](OH)_8$

一般为土块或块状集合体。颜色为白色,常因含杂质而呈其他色调;土状者光泽暗淡,块状者具蜡状光泽;摩斯硬度 1;密度 2.58~2.60 g/cm^3;具有可塑性。

（十五）橄榄石 $A_2[SiO_4]$（A 为镁、铁、锰、镍、钴等）

常呈粒状集合体。颜色从浅黄、黄绿至黑绿色，随着铁含量的增加而颜色变深；透明矿物；玻璃光泽，含铁多时近金刚光泽，断口为油脂光泽；具不完全解理，贝壳状断口；摩斯硬度 6~7；密度 3.2~3.5 g/cm^3；弱导电性；弱磁性。

（十六）白云母 $KAl_2[AlSi_3O_{10}](OH)_2$

单晶体为短柱状及板状，横断面常为六边形。集合体为鳞片状，其中晶体细微者称为绢云母。薄片无色透明或微具浅黄、浅绿等色；珍珠光泽；摩斯硬度 2.5~3；有平行片状方向的极好解理，易撕成薄片，具弹性；密度 2.77~2.88 g/cm^3。

（十七）黑云母 $K(Mg,Fe)_3[AlSi_3O_{10}](OH)_2$

单晶体为短柱状、板状，横断面常为六边形。集合体为鳞片状。颜色为棕褐色或黑色，随含铁量的增加而变暗；其他光学性质同白云母相似；密度 2.7~3.3 g/cm^3。

（十八）长石

主要包括三个基本类型：钾长石 $K[AlSi_3O_8]$、钠长石 $Na[AlSi_3O_8]$、钙长石 $Ca[Al_2Si_2O_8]$。其中，钾长石与钠长石常称为碱性长石；钠长石与钙长石常按不同比例混溶在一起，组成类质同象系列，统称为斜长石（包括钠长石、奥长石、中长石、拉长石、培长石、钙长石）。

斜长石有许多共同的特征。如单晶体为板状或扁柱状；常为白色或灰白色；玻璃光泽；摩斯硬度 6；有两组解理，彼此近于正交；密度 2.61~2.76 g/cm^3，随钙含量的增加而增加。

正长石是常见的钾长石的变种，单晶体为板柱状；常为肉红色，有时具较浅的色调；玻璃光泽；摩斯硬度为 6；有两组方向相互垂直的解理；密度 2.54~2.57 g/cm^3。

（十九）绿帘石 $Ca_2(Al,Fe)_3[Si_2O_7][SiO_4]O(OH)$

晶形完好者呈柱状，晶面上有明显的纵纹，除在岩石裂隙中呈放射状晶簇外，常呈粒状或致密块状。黄绿色、绿褐色，含铁高时近于黑色，呈黄绿色者最为常见，颜色随 Fe^{3+} 含量的增加而变深；透明矿物；玻璃光泽；一组平行于晶体延长方向的完全解理；摩斯硬度 6~7；密度 3.38~3.49 g/cm^3（随含铁量的增加而增加）；弱磁性；弱导电性。

（二十）绿泥石 $(Mg,Al,Fe)_6[(Si,Al)_4O_{10}](OH)_8$

单晶体呈假六方片状或板状，但很少见。集合体呈鳞片状及隐晶质土状。多呈各种不同深浅的绿色，但带有黑、棕、蓝等色调，含铁多者色深；透明矿物；玻璃光泽，解理面上呈珍珠光泽，隐晶质集合体呈蜡状光泽至油脂光泽；一组完全解理；摩斯硬度 2~3；密度 2.6~3.3 g/cm^3；无磁性至弱磁性；硬度、密度、磁性随含铁量的增加而增加。

（二十一）石榴子石 $A_3B_2[SiO_4]_3$（A 为二价的钙、镁、铁及锰，B 为三价的铝、铁、铬）

多呈完好的晶体，常见单晶体有菱形十二面体、四角三八面体及两者的聚形，集合体为粒状及致密块状。黄褐、褐色至褐黑色，也有绿黄色、红褐色者；透明矿物；玻璃光泽，有的近于金刚光泽，断口为油脂光泽；无解理，断口呈参差状；摩斯硬度 6.5~7.5；密度 3.4~4.3 g/cm^3；通常具弱磁性（与含铁量有关）；弱导电性。

(二十二)红柱石 $Al_2[SiO_4]O$

横断面近正方形的柱状晶体,集合体有时呈放射状,似菊花,故也称菊花石。常为灰白色或肉红色,蓝色、绿色、紫色者少见;透明矿物;玻璃光泽;近正交的两组柱面中等解理;摩斯硬度 7~7.5,风化后硬度降低到 4 以下;密度 3.1~3.2 g/cm^3。

实验二　常见岩浆岩的观察与识别

一、目的要求

(1)熟悉岩浆岩的一般特征。

(2)学会肉眼鉴定岩浆岩的基本方法。

(3)掌握一些常见岩浆岩的肉眼鉴定特征。

(4)初步认识正交偏光显微镜在岩浆岩鉴定中的作用。

二、岩浆岩鉴定和描述内容及注意事项

岩浆岩的手标本在肉眼鉴定时的观察描述内容包括岩石的颜色、矿物成分和结构构造,最后予以定名。其具体内容和注意事项如下。

(一)颜色

岩石的颜色是指组成岩石的矿物颜色的总和,而非某一种或几种矿物的颜色。如灰白色的岩石,可能是由长石、石英和少量暗色矿物(黑云母、角闪石等)等形成的总体色调。因此,观察颜色时,宜先远观其总体色调,然后用适当颜色描述。

(二)矿物成分

对于显晶质结构的岩石,应注意观察描述各种矿物,特别是主要矿物的颜色、晶形、解理、光泽、断口等特征,并目估其含量(注意每种矿物应选择其最突出特征的性质进行描述)。尤其注意以下几方面:

(1)观察有无长石,若有则应鉴定长石的种类,并分别目估其含量。

(2)观察有无石英、橄榄石的出现。若有石英出现,则为酸性岩;若有橄榄石出现,则为超基性和基性岩。

(3)鉴定暗色矿物的成分,并目估其含量。特别注意辉石和角闪石,以及它们和黑云母的区别。

(4)对具斑状结构或似斑状结构的岩石,则应分别描述斑晶和基质的成分和特点、含量。基质若为隐晶质,则可用色率和斑晶推断其成分;若为玻璃质,则只能用斑晶来推断其成分,无明显斑晶的可标注为“无法识别成分”。

(三)结构构造

岩浆岩按结晶程度分为全晶质、半晶质、玻璃质和隐晶质等结构。全晶质又可按颗粒绝对大小分为粗(>5 mm)、中(5~1 mm)、细粒(1~0.1 mm)等结构。其中,应特别注意隐晶质和玻璃质的区别。隐晶质和玻璃质,用肉眼(包括放大镜)均看不出任何颗粒来,但两者可用断口的特点相区别。隐晶质的断口粗糙,呈瓷状断口;玻璃质的断口平整,常具贝壳状断口。

按岩石组成矿物颗粒的相对大小又可分为等粒、不等粒(又细分为斑状和似斑状)结构。因此,观察描述结构时,应注意矿物的结晶程度、颗粒的绝对大小和相对大小等特点。

岩浆岩常见的构造为块状构造,其次为气孔构造、杏仁构造和流纹状构造三种。

(四)岩浆岩的命名

岩浆岩的命名一般为颜色+结构+(构造)+基本名称,如肉红色粗粒花岗岩。喷出岩有时仅用(颜色)+构造+基本名称,如黑色气孔状玄武岩。

(五)岩浆岩薄片观察与描述

岩浆岩薄片镜下观察与描述:首先要通览整个薄片,应用各种矿物的主要光性特征鉴别矿物种属,同时统计(或估计)各种矿物含量;观察、对比并记述各种矿物的晶形、自形程度及矿物间的相互关系,确定岩石结构(选择有代表性的视域绘镜下素描图)。然后根据主要矿物的统计(或估计)含量,通过必要的换算,选择相应的图解投影,确定岩类,再结合结构和次要矿物种属对岩石给予正确命名。现仍以手标本观察描述的相应薄片为例描述如下。

岩石由下列矿物组成:①石英,约 25%,粒径约 1.0 mm;②更长石,约 20%,粒度 0.7 mm×2.0 mm;③钾长石(微斜长石),约 50%,粒径约 1.0 mm;④黑云母,约 5%。该岩石命名为细晶二长花岗岩。

(六)岩浆岩的鉴定

岩浆岩的鉴定,首先是要对岩石的颜色加以确定,岩石的颜色对确定岩石大类有指导性作用,一般深色岩石偏基性,浅色岩石偏酸性;其次是要确定岩石的构造和结构,它反映了岩石的形成条件,如气孔-杏仁构造及斑状结构则显示岩石形成于地壳浅部或喷出地表,属浅成岩或喷出岩,这样,岩石就要按照喷出岩进行分类定名。肉眼或镜下识别岩石中造岩矿物的种类和含量是岩石准确定名的重要依据。造岩矿物的识别与我们对矿物的鉴定是一致的,所不同的是矿物上一般是对单一矿物的鉴定,优点是矿物个体一般较大,鉴定特征相对明显;而岩石中的矿物多数个体相对较小,有些鉴定特征无法显现。优点是可以利用岩石中矿物共生组合规律帮助识别。如果利用薄片鉴定,则更优越。在岩石定名时,对岩石中矿物含量的估计则是一个基本训练,这里提供一些基本图示(见图 1-1、图 1-2),帮助大家较准确地确定矿物含量。若在薄片中采用先进的统计方法,则准确度可大大提高。

Or—钾长石(微斜长石);Pl—更长石(斜长石);
Q—石英;Bi—黑云母。

图 1-1 花岗岩的全晶质等粒结构(单偏光,D=4 mm)

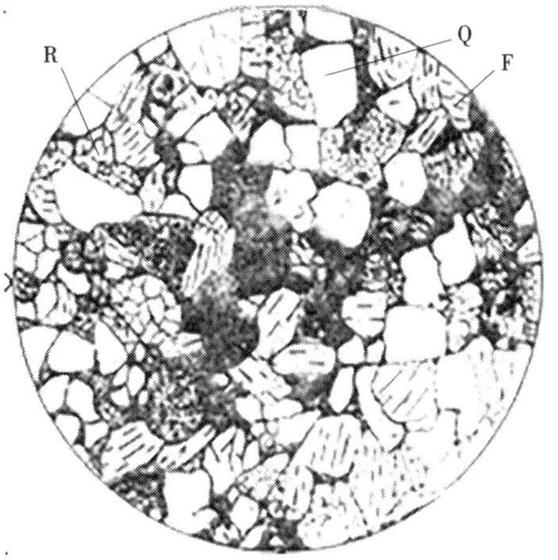

Q—石英;F—长石碎屑;R—岩屑。

图 1-2 长石岩屑砂岩(单偏光,D=3.5 mm)

三、常见岩浆岩的一般特征

常见岩浆岩的一般特征简示如图 1-3 所示。

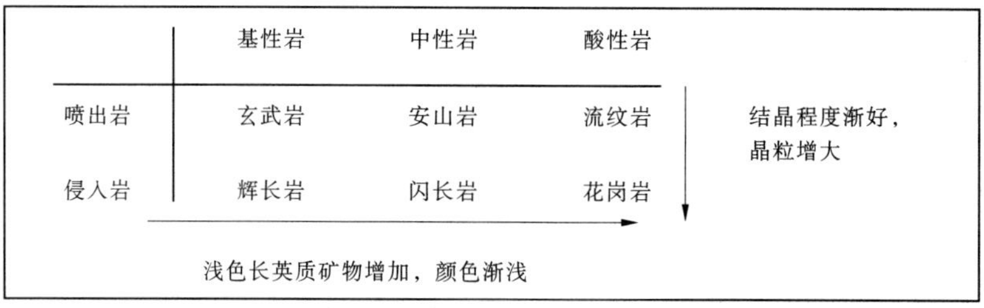

图 1-3　常见岩浆岩的一般特征简示

（一）流纹岩

基质隐晶质，通常有石英、钾长石斑晶散布其间（钾长石常呈轮廓矩形，无色透明，解理面明显，并呈珍珠光泽的结晶颗粒）；颜色各不相同，多浅黄、肉红、浅棕色，并有流动纹。

（二）安山岩

通常是具斑状结构的隐晶质岩石，不含石英。最常见的斑晶是斜长石，但也有黑云母、角闪石或辉石出现，安山岩也多呈熔岩状产出；颜色从白到黑都有，但以紫、灰、绿色较常见。

（三）玄武岩

是黑色至深灰色的隐晶质岩石。斑晶常为基性斜长石，常见气孔构造、杏仁构造。

（四）花岗岩

粒状结构，长石和石英为主要组成成分，因此一般是浅色的。花岗岩中含有的铁镁矿物是黑云母和角闪石。

（五）闪长石

是全晶质等粒结构的深成侵入岩。其主要成分为斜长石，少量的铁镁矿物主要是角闪石、黑云母和一些辉石。

（六）辉长岩

是全晶质粒状结构的岩石。主要矿物成分为斜长石和辉石，还可有橄榄石等其他深色矿物。肉眼观察时，深色矿物含量超过斜长石的，即可确定为辉长岩。

四、仪器用品

放大镜、小刀、无釉素瓷板、正交偏光显微镜、岩浆岩手标本、闪长岩、花岗岩岩石薄片。

五、作业及思考题

(1)按表 1-5 的要求描述常见岩浆岩手标本。

表 1-5　常见岩浆岩肉眼识别特征

序号	岩石名称	矿物组成	结构(1)	结构(2)	构造	最显著特征
1						
2						
3						
4						
5						
6						
7						
8						
9						
10						

(2)按表 1-6 的要求镜下观察闪长岩、花岗岩的主要矿物成分及含量、主要结构类型。

表 1-6　正交偏光显微镜下岩浆岩光学特征观察与描述

序号	岩石	颜色	主要矿物	主要矿物特征	结构类型
1					
2					
3					

实验三　常见沉积岩的观察与识别

一、目的要求

(1)了解沉积岩的一般特征。

(2)观察、熟悉主要的沉积构造(原生构造)。

(3)掌握常见沉积岩的鉴定特征。

(4)初步认识正交偏光显微镜在沉积岩鉴定中的作用

二、主要沉积构造(原生构造)类型及观察内容

许多沉积构造可在野外大范围出露,应进行宏观描述。室内手标本应注意观察较微细的构造部分。

(1)层理:描述手标本上块状层理、平行层理、斜层理的识别特征,注意观察斜层理中细层与层理的关系。

(2)层面构造:包括波痕、泥裂、生物痕迹等。注意观察波痕和延伸方向、泥裂的"V"形特点,识别上层面与下层面。

三、沉积岩的识别

(一)颜色

在一定程度上反映了岩石的组分和形成环境。如石英砂岩由于成分单一,颜色多为浅色;岩屑砂岩则因成分复杂,颜色多为灰绿、灰黑色等。另外,对次生(风化)色有时亦需描述。

以碳酸盐类沉积岩为例,一般为浅色,且以灰色、灰白色为主,但因混入物成分和含量不同,可呈现不同的颜色。例如,混入有机质者为深灰色或黑色,混入氢氧化铁者为紫色、褐红色等,含铁白云石者呈米黄色或褐色。据此,可大致推测其混入物的成分。描述颜色要以其总体色调为准。

(二)矿物成分

由于沉积岩成岩前,原岩成分经过程度不同的风化,矿物类型被极大简化,因此沉积岩的成分主要描述碎屑和胶结物两部分的物质成分。

(1)碎屑成分:碎屑岩中的碎屑物质包括矿屑和岩屑两类。常见的矿屑有石英、长石和白云母。岩屑多出现在较粗的碎屑岩中,常见的岩屑为石英、砂岩、粉砂岩、燧石和中酸性岩浆岩等。在观察鉴定岩石时,有时会要求鉴定出主要矿屑和岩屑名称。

(2)胶结物成分:常见的有钙质、硅质、铁质、泥质四种。主要区别如表 1-7 所示。

表 1-7　不同胶结物成分的区别

胶结物成分	颜色	岩石固结程度	胶结物硬度	加稀盐酸
钙质	灰白	中等	<小刀	剧烈起泡
硅质	灰白	致密坚硬	>小刀	无反应
铁质	褐红、褐	致密坚硬	≈小刀	无反应
泥质	灰白	松软	<小刀	无反应

(3)碳酸盐类沉积岩的主要矿物成分是方解石和白云石。由此而将其划分为石灰岩(方解石>50%)和白云岩(白云石>50%)两大类,有时因含有较多的黏土矿物,可形成与泥质岩过渡的泥灰岩。因此,确定碳酸盐类沉积岩的矿物成分,对岩石的定名是很重要的。碳酸盐类沉积岩矿物成分的主要根据是与稀盐酸(5%)的反应实验。

①加稀盐酸剧烈起泡并“嘶嘶”作响者,主要成分为方解石,应为石灰岩。

②加稀盐酸微弱起泡或不起者,主要成分为白云石,应为白云岩。

③加稀盐酸剧烈起泡后,留下泥质物质者,说明其主要成分除方解石外,还含有大量的泥质(黏土矿物)成分,应为泥灰岩。

(三)结构

沉积岩结构类型较复杂,总体可分为碎屑结构、泥质结构、结晶(化学)结构和生物结构四类。

(1)碎屑结构:可见到明显的由胶结物胶结的碎屑颗粒。碎屑物质包括矿屑、岩屑、核形石、生物碎片等。

若为砾状结构的岩石,可用尺子直接测量颗粒的大小、圆度、球度,目估各种粒径砾石的含量,以确定其分选性。对具砂状结构的岩石,应尽量目估其颗粒大小,同时估计各粒级的百分含量以确定其分选性。在目估粒度时,可用已知粒级的砂粒管进行对比。用肉眼(包括放大镜)观察并确定碎屑的圆度。对圆度的观察描述,一般对中砂和大于中砂粒级的岩石才具有意义。

碎屑结构的类型如下:

颗粒直径
- >2 mm　砾状结构
- 2~0.05 mm　砂状结构
  - 2~0.25 mm　粗砂结构
  - 0.25~0.5 mm　中砂结构
  - 0.5~0.05 mm　细砂结构
- 0.05~0.005 mm　粉砂状结构
- <0.005 mm　泥质结构

(2)泥质结构:是由黏土矿物组成的结构,矿物颗粒粒径小于 0.005 mm,是泥岩、页岩等黏土岩的主要结构。

(3)结晶(化学)结构:是由化学沉淀的结晶矿物组成的结构。又可分为结晶粒状结构和隐晶质致密结构。结晶结构是石灰岩、白云岩、硅质岩等化学岩的主要结构。

(4)生物结构：由生物遗体或碎片组成的结构，是生物化学岩所具有的结构，如生物礁灰岩、煤等。

(四)构造

若手标本上能见到层面和层理构造，则应尽量描述。若手标本上见不到特殊的构造，则表明该岩石在野外出露的岩层厚度较大，一般将其称为块状层理构造即可。

(五)沉积岩的命名

沉积岩主要是根据碎屑粒级确定岩石的基本名称（砾岩、砂岩、粉砂岩等），再根据岩石的颜色和成分（碎屑成分和胶结物成分）予以定名，即颜色+（胶结物成分）+（次要碎屑成分）+主要碎屑成分+基本名称，如黄褐色钙质石英粗砂岩、灰色长石石英细砂岩等。

(六)沉积岩薄片观察与描述的内容和实例

1. 观察与描述的主要内容

主要组分及其分布特征——结构。

主要组分及其光性特征、性状、分布及统计（或估计）含量。

2. 观察与描述的实例

标本号：B03；产地：四川平武×××；时代层位：下泥盆统。

岩石主要由不等粒、杂乱分布的碎屑石英、碎屑长石、岩屑及泥质基质组成，含少量鳞片状白云母碎屑，具典型的不等粒砂状结构。

碎屑石英（Q）：无色（单偏光镜下），多呈次棱角状，粒度不均匀，一般在0.2~0.8 mm（正交镜间），含量约55%。

碎屑长石（F）：无色（单偏光镜下）、洁净，呈板状碎块，可见解理，一般粒度为0.2~0.4 mm（正交镜间），含量约20%。

岩屑（R）：以中-基性侵入岩岩屑为主，呈不均匀的浅绿色-淡黄褐色（单偏光镜下），呈不规则的次棱角状，粒度为0.5~1.5 mm，含量约5%。

泥质基质：以泥质为主，含少量铁质，呈黄色（单偏光镜下），局部铁染呈浅黄褐色，集中分布在碎屑颗粒空隙间，含量约20%。

四、仪器用品

放大镜、小刀、稀盐酸溶液、正交偏光显微镜、沉积岩手标本、石灰岩、砂岩岩石薄片。

五、作业及思考题

(1)按表1-8的要求描述鉴定给定沉积岩手标本。

表1-8　常见沉积岩肉眼识别特征

序号	岩石名称	矿物组成	结构	构造	最显著特征
1					
2					
3					
4					

续表 1-8

序号	岩石名称	矿物组成	结构	构造	最显著特征
5					
6					
7					
8					
9					

(2)按表 1-9 的要求镜下描述鉴定 2 块沉积岩薄片标本。

表 1-9　正交偏光显微镜下沉积岩光学特征观察与描述

序号	岩石	颜色	主要成分	主要成分特征	结构类型
1					
2					

实验四　常见变质岩的观察与识别

一、目的要求

(1)初步掌握变质岩的一般特征。

(2)认识和熟悉几种典型的变质岩种类的描述和肉眼鉴定。

(3)初步认识正交偏光显微镜在变质岩鉴定中的作用。

二、变质岩观察与描述的内容及其注意事项

变质岩肉眼观察与描述的内容、方法与岩浆岩大体相似,包括以下内容。

(一)颜色

变质岩的颜色比较复杂,既与原岩有关,又与变质岩矿物成分有关。因此,颜色虽可帮助鉴定矿物成分,但与其他两大类岩石相比,则重要性较差。变质岩的颜色常不均一,应注意观察其总体色调。

(二)结构和构造

变质岩的结构主要为变晶结构和碎裂结构,仅少数为变余结构。变晶结构在肉眼下很难与结晶质结构相区别。描述变晶结构时同样应注意矿物的结晶程度、颗粒大小、形状等特点。

区域变质岩最显著的构造是由矿物具一定方向排列而构成的定向构造,即片理。片理是变质岩特有的一种构造。根据其剥开的难易、剥开面和平整程度及光泽,结合矿物重结晶程度等特征,可将片理中的板状、千枚状、片状和片麻状四种构造区分开。除片理构造外,块状构造在变质岩中也较为常见。变质岩结构构造的主要特征如表 1-10 所示。

表 1-10　变质岩结构构造的主要特征

结构或构造名称	主要特征
变晶结构	岩石在变质作用过程中在固态条件下经重结晶作用形成的结构,在同一变质作用过程中,主要矿物几乎是同时结晶的。具有以下特点:一般为全晶质;结晶顺序不明显;变晶矿物通常结晶程度较差;纤维状、片状变晶矿物发育,多定向排列,粒状矿物多具压扁、拉长等现象
变余结构	由于变质作用不彻底,原岩的矿物成分和结构构造特征被部分地保留下来形成的结构
碎裂结构	岩石在不强的应力作用下,其中较粗粒的矿物发生裂隙、边缘破碎、颗粒旋转等所显示的结构

续表 1-10

结构或构造名称	主要特征
块状构造	又称均一构造,变晶矿物粒度相近,分布均匀,不具定向排列性,是矿物组分单一的变质岩的常见构造
片麻状构造	经混合岩化作用所形成的,长英质物质沿片理呈均匀、连续分布,颗粒常由长石、石英组成,大小均匀;片状矿物多为云母
眼球状构造	经混合岩化作用所形成的,长英质物质沿片理呈眼球状的团状,断续分布,眼球常由碱性长石、石英组成,大小不一,当眼球含量增多时,可呈串珠状连接排列,并逐步过渡为条带状构造

(三)矿物成分

描述变质岩的成分时,应注意主要矿物、次要矿物和特征变质矿物。一般按矿物含量从多到少的顺序进行描述。

(四)变质岩的命名

区域变质岩中具有定向构造的岩石,以定向构造为其基本名称。若肉眼可识别出主要矿物或特征变质矿物,亦应作为定名内容。一般命名原则可概括为:颜色+(矿物成分)+基本名称,如蓝灰色蓝晶石片岩、角闪石斜长片麻岩、黑云母片岩。

(五)变质岩薄片观察与描述的内容和实例

1. 观察与描述的主要内容

岩石主要矿物组分及其分布、岩石结构及构造的总体描述。

岩石所含矿物组分和细部结构:斑晶矿物及特征;基质矿物及特征;分别描述矿物名称、颜色、形态、粒度、分布、结构等情况,矿物鉴别的主要光性特征、统计(或估计)含量;如果斑晶与基质具有同成分,应一并描述。

2. 观察与描述的实例

标本号:B04;产地:陕南米苍山;时代层位:中元古界。

岩石主要由石榴石、石英、斜长石、钾长石、硅线石、红柱石和少量黑云母、铁质组成。石榴石、石英、斜长石呈较粗大的变斑晶,在基质中间断分布、定向排列构成片麻状构造,与基质构成斑状变晶结构。钾长石属斜长石,局部被钾质交代的产物,主要分布在斜长石边缘。硅线石呈针状、长柱状、竹节状,分布在斜长石及红柱石颗粒间。黑云母呈细小片状,仅局部可见,亦呈定向排列。铁质分布在石榴石边缘或其他矿物颗粒间。

矿物成分:石榴石,以变斑晶形式产出,晶形不甚完整,发育裂纹,可见筛状变晶结构,粒度 3~4 mm,含量约 30%。

石英:无色透明,呈他形不规则压扁、拉长状,定向排列,粒度较大,但不均匀,一般在(0.5~1)mm×(3.0~4.0)mm,含量约 30%。

斜长石:无色,表面普遍绢云母化而呈土黄色,呈他形不规则压扁、拉长状,定向排列,粒度较粗,一般在(0.5~1)mm×(3.0~4.0)mm;斜长石边缘局部被钾长石交代,两者合计含量约20%,以斜长石为主。

硅线石:无色-淡淡的蓝色,略显多色性,正突起高,含量约10%。

红柱石:微带粉红色,微显多色性;晶形呈不规则的柱粒状,亦呈定向排列;含量约5%。

其他:铁质呈不规则状分布在石榴石边缘或其他矿物颗粒间,含量约5%(总体平均);此外可见个别片状黑云母,含量<1%。

结构:变晶结构,基质为花岗等粒变晶结构。

构造:片麻状构造。

三、仪器用品

放大镜、小刀、稀盐酸溶液、正交偏光显微镜、变质岩手标本、石英岩、千枚岩岩石薄片。

四、作业及思考题

(1)按表1-11的要求描述常见变质岩手标本。

表1-11　常见变质岩肉眼识别特征

序号	岩石名称	矿物组成	结构	构造	最显著特征
1					
2					
3					
4					
5					
6					
7					
8					

(2)按表1-12的要求镜下描述鉴定2块变质岩薄片标本。

表1-12　正交偏光显微镜下变质岩光学特征观察与描述

序号	岩石	颜色	主要成分	主要成分特征	结构类型
1					
2					

五、特征变质矿物的鉴定特征

特征变质矿物的鉴定特征一览如表1-13所示。

表 1-13　特征变质矿物的鉴定特征一览

矿物名称	颜色、多色性	形态	摩斯硬度	比重	解理、裂理	干涉色	突起	消光性质	双晶	延长符号
红柱石(And)	浅肉红色、灰色、红、绿等；微弱多色性	斜方柱状，横断面近正方形，或呈杆状、束状、纤维状	7~7.5	3.1~3.2	{110}完全，{100}不完全。{110}∧{100}=89°	Ⅰ级灰白-黄色	中正	平行消光，横断面对称消光	罕见	负
堇青石(Crd)	无色或带灰的蓝、蓝紫、暗蓝色，并随观察方向而异；具弱多色性	柱状、致密块状和不规则粒状，假六方状	7~7.5	2.57~2.76	{010}中等，{001}、{100}裂理差	Ⅰ级黄色	低，可正可负	柱面平行消光	{110}、{130}简单双晶，聚片双晶、三连晶、六连晶普遍	负
硅灰石(Wo)	白色略带浅灰或浅红；含 FeO 较多时具多色性	晶体长柱状、针状、杆状、板状、纤维状，常呈放射状集合体	4.5~5	2.87~3.09	{100}完全，有{001}、{010}中等	最高Ⅱ级蓝绿，横断面上很低，为暗灰色	中-高正	平行	罕见	正
普通角闪石(Hb)	黄绿、黄、灰等；多色性显著	沿 b 轴呈柱状，断面近六边形	6~6.5	3.37~3.5	{001}完全	Ⅰ级橙黄色，柱面上为Ⅰ级灰白到黄白	中正	//b 近平行消光或平行消光，⊥b 斜消光	{100}简单双晶，有时为聚片双晶	可正可负
钠长石(Ab)	白、灰白	板片状、条状	6~6.5	2.61~2.62	{001}完全，{010}较完全，常不甚发育	Ⅰ级灰-灰白	低负	斜消光，消光角很小	钠长石律双晶，肖钠双晶	负

续表 1-13

矿物名称	颜色、多色性	形态	摩斯硬度	比重	解理、裂理	干涉色	突起	消光性质	双晶	延长符号
阳起石(Act)	绿、暗绿、黄、褐色；多色性微弱	纤维状、针状、叶片状、放射状或鳞片状集合体，有时呈薄片状的单晶	6~6.5	3.1~3.4	{110}完全，常发育{100}裂理	Ⅰ级顶部到Ⅱ级中部	中-高正	横断面对称消光，⊥(010)平行消光，其余斜消光	常见{100}简单或聚片双晶	沿柱面方向正
透辉石(Di)	白、浅绿、暗绿色；弱多色性	短柱状，集合体呈不规则粒状或放射状集合体	5.5~6	3.27~3.38	{110}完全，{100}、{001}裂理	鲜艳的Ⅱ级干涉色	高正	斜消光，横断面对称消光，⊥(010)平行消光	{100}、{001}简单或聚片双晶	
硬柱石(Lws)	无、白、浅蓝	晶体呈柱状或板状，或呈叶片状	6	3.05~3.1	{100}，{010}完全，{101}不完全	最高Ⅰ级紫红	高正	平行消光	{101}简单或聚片双晶较常见	负
透闪石(Tr)	白、浅灰	长柱状、针状、纤维状集合体	5.5~6	2.9~3.1	{110}完全，发育{100}裂理	横断面Ⅰ级黄白，纵断面最高Ⅱ级橙黄	中正	横断面对称消光，⊥(010)平行消光，其他斜消光	{100}简单或聚片双晶较常见	沿柱面方向正
硬绿泥石(Cld)	绿黄、暗绿色；多色性显著	假六方板片状，完整晶体较少见，也呈束状、片状、放射状集合体	6.5~7	3.4~3.8	{001}完全，{110}中等，{010}裂理	Ⅰ级橙红	高正	条状切成具斜消光	{001}简单，三连晶、聚片双晶常见	负

实验仪器　正交偏光显微镜的认识与调试

一、装卸镜头

(1)装目镜。将选用的目镜插入镜筒,并使目镜十字丝位于东西、南北方向。双目镜筒还需调节两个目镜间的距离,使眼睛间距与双筒视域一致。

(2)装卸物镜。因显微镜型号不同,物镜的装卸有下列几种情况:

①弹簧夹型。将物镜上的小钉,夹于镜筒下端弹簧夹的凹陷处,即可卡住物镜。

②转盘型。将物镜安装在镜筒下端的物镜旋转盘上。再将需要用的物镜转到镜筒正下方(光学系统中),转至弹簧卡住为止(似有阻碍时)。转过头或未到应有位置都会使物镜过分偏离目镜中轴而不能校正中心。

③螺丝口型。将选用的物镜安装在镜筒下方的螺丝口上,拧紧为止。

二、调节照明(对光)

装上目镜及中倍物镜(10 倍或 8 倍)以后,轻轻推出上偏光镜及勃氏镜(或转出勃氏镜),打开锁光圈,目视镜筒内,转动反光镜使之对准光源,直至视域最明亮。如果视域总是不亮,可去掉目镜或推入勃氏镜,观察光源像。若看不见光源,说明反光镜位置不对或有别的障碍。去掉障碍,转动反光镜直至光源照亮整个视域或其中央部分。再装上目镜或推出勃氏镜,视域必然明亮。注意不能把反光镜直接对准太阳光。

XTP-7 型偏光显微镜使用卤素灯光源,首先把电压确定为当地电压,使镜座右侧的电压调节旋钮处于低压方向。打开电源开关,向后移动电压调节旋钮(向高压方向移动),使视域亮度增大,至适合的亮度为止。

三、调节焦距(准焦)

调节焦距是为了使薄片中的物像清晰可见,其调节步骤如下:

(1)完成装卸镜头及调节照明之后,将预测矿片置于载物台中心,并用载物台上的一对弹簧夹把矿片夹紧,必须使薄片的盖玻璃朝上;否则不能准焦,特别是使用高倍物镜时。

(2)从侧面观察,转动粗动调焦螺旋,使镜筒下降或使载物台上升,至镜筒下端的物镜与载物台上的薄片比较靠近为止。若使用高倍物镜,必须使物镜几乎与薄片接触为止。

(3)从目镜中观察,转动粗动调焦螺旋,使镜筒缓缓上升,或使载物台缓缓下降,至视域内物像基本清楚,再转动微动调焦螺旋,直至视域内物像完全清晰为止。

准焦以后,物镜前端与薄片平面之间的距离称为工作距离。工作距离的长短与物镜的放大倍率有关。一般说来,物镜的放大倍率愈小,工作距离愈长;物镜的放大倍率愈大,工作距离愈短。在显微镜的说明书中可以查到不同放大倍率物镜的工作距离。

在调节焦距时,绝不能眼睛看着镜筒内而下降镜筒或上升载物台。因为这样很容易使物镜与薄片相碰，不仅压碎薄片而且易损坏物镜。使用高倍物镜时，尤其应注意。因为高倍物镜的工作距离很短，准焦后物镜几乎与薄片平面接触。如果薄片上的盖玻璃向下放，不仅根本不能准焦，而且最容易压碎薄片及损坏物镜。初学者最好先使用低倍物镜或中倍物镜准焦后，再换用高倍物镜准焦。

四、校正中心

在正交偏光显微镜的光学系统中，载物台的旋转轴、物镜中轴及目镜中轴应当严格在一条直线上。此时，转动载物台，视域中心即目镜十字丝交点的物像不动，其余物像绕视域中心做圆周运动。如果它们不在一条直线上，当转动载物台时，视域中心的物像将离开原来的位置，连同其他部分的物像绕另一中心旋转。这个中心（O 点）代表载物台的旋转轴出露点位置。在这种情况下，不仅可能把视域内的某些物像转出视域之外，妨碍观察，而且影响某些光学数据的测定精度。特别是使用高倍物镜时，根本无法观察。因此，必须进行校正，使目镜中轴、物镜中轴与载物台旋转轴一致。这就是校正中心。

在正交偏光显微镜的光学系统中，目镜中轴是固定的，部分显微镜的载物台也是固定的，只能校正物镜中轴，有些显微镜的载物台也能校正。校正物镜中轴是借助于安装在物镜上或物镜旋转盘上的两个定心校正螺丝进行的。校正载物台旋转轴是用安装在载物台上的两个定心螺丝进行的。

在校正中心之前，必须首先检查物镜是否安装在正确的位置上。如果物镜没有安装在正确位置上，不仅不能校正好中心，而且容易损坏定心校正螺丝。在校正中心时，如果发现定心校正螺丝扭动困难或扭不动，切勿强行扭动，应立即检查原因，或与实验室管理人员或指导老师联系。

校正中心的具体步骤如下：

（1）将物镜安装在正确位置上。准焦后，在薄片中选一质点 a，移动薄片，使质点 a 位于视域中心的十字丝交点处［见图 1-4(a)］。

（2）将薄片固定，旋转载物台 360°，若目镜中轴、物镜中轴与载物台旋转轴不一致，则质点 a 围绕另一中心做圆周运动［见图 1-4(b)］，其圆心 O 点为载物台旋转轴出露点。

（3）旋转载物台 180°，使质点 a 由十字丝交点移至 a' 处［见图 1-4(c)］。

（4）扭动物镜上的定心校正螺丝，使质点 a' 移至偏心圆圆心 O 点［见图 1-4(d)］。

（5）移动薄片，使质点由 O 点移至十字丝交点［见图 1-4(e)］。

（6）旋转载物台，如果该质点不动［见图 1-4(f)］，则中心已经校正好。如果该质点仍离开十字丝交点绕较小偏心圆移动，则必须按上述方法重复校正，直至完全校正好。

（7）如果中心偏离很大，转动载物台，质点 a 由十字丝交点移至视域之外。根据质点移动情况，估计偏心圆圆心 O 点在视域外的位置及偏心圆半径长短。然后将质点转回十字丝交点。扭动物镜上的定心校正螺丝，使质点由十字丝交点向偏心圆圆心 O 点相反方向移动大约相当于偏心圆半径的距离。再移动薄片，使质点回移至十字丝交点处。转动载物台，该质点可能在视域呈小圆圈移动。此时，可按上述中心偏离较小的方法进行校正。如果中心仍偏离较大，质点仍移出视域之外，再按偏心大的方法校正。经过 3~4 次校正之后，中心仍然偏离较大，则应当检查原因或报告指导老师。

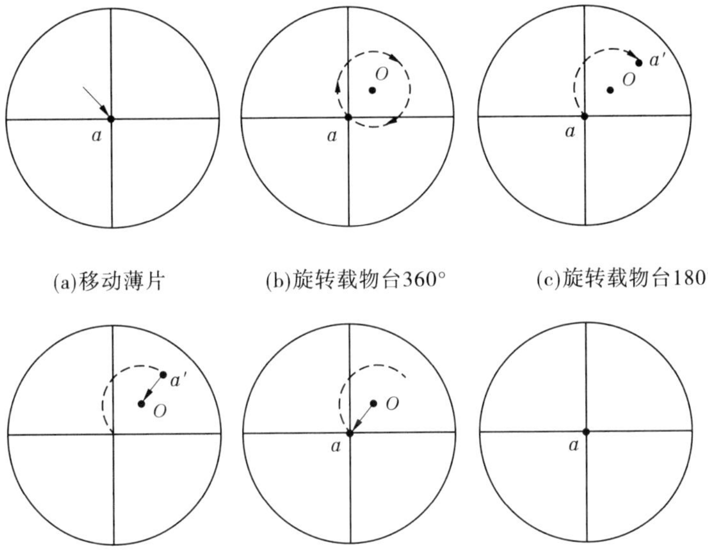

(a)移动薄片　(b)旋转载物台360°　(c)旋转载物台180°

(d)扭动校正螺丝　(e)移动薄片　(f)旋转载物台360°

图 1-4　校正中心的步骤示意图

五、视域直径的测定

(1)测量中倍物镜或低倍物镜的视域直径,可以直接使用有刻度的透明尺测定。测定时,将透明尺置于载物台中心部位,对准焦点后,观察视域直径的长度值,记录该数值备以后查用。

(2)测量高倍物镜的视域直径,可以使用物台微尺测定。物台微尺是嵌在玻璃片中心的一个小微尺。微尺的总长度为 1~2 mm,其中刻有 100~200 个小格,每个小格等于 0.01 mm。测量时将物台微尺置于载物台中心,对准焦点,观察视域直径相当于物台微尺的多少小格。若为 20 格,则视域直径等于 $20\times0.01=0.2$(mm)。

六、目镜十字丝的检查

测定某些光学性质时,目镜十字丝是否正交较为重要。检查时,先将具有直边的矿物颗粒置于视域中心,使矿物的直边与目镜十字丝横丝平行,记录载物台读数;转动载物台 90°,观察矿物直边是否与十字丝纵丝平行。如果平行,说明十字丝是正交的;如果不平行,说明十字丝不正交,需做专门修理。

七、正交偏光显微镜的校正

在正交偏光显微镜(见图 1-5)的光学系统中,上、下偏光镜振动方向应当正交,而且是东西、南北方向,并分别与目镜十字丝平行。

其校正方法如下。

(一)确定及校正下偏光镜的振动方向

使用中倍物镜准焦后,在岩石薄片中找一个具极完全解理缝的黑云母置于视域中心。

转动载物台，使黑云母的颜色变得最深为止。此时，黑云母解理缝方向代表下偏光镜振动方向（因为光波沿黑云母解理缝方向振动时，吸收最强，颜色最深）。如果黑云母解理缝方向与目镜十字丝的横丝（东西方向）平行，则下偏光镜位置正确，不需要校正。如果不平行，转动载物台，使黑云母解理缝方向与目镜十字丝的横丝平行，旋转下偏光镜，至黑云母的颜色变得最深为止。此时，下偏光镜振动方向位于东西方向。

（二）检查上、下偏光镜振动方向是否正交

使用中倍物镜，调节照明使视域最亮。推入上偏光镜，如果视域黑暗，证明上、下偏光镜振动方向正交。若视域不黑暗，说明上、下偏光镜振动方向不正交。如果下偏光镜振动方向已经校正至东西方向，则需要校正上偏光镜振动方向。转动上偏光镜至视域黑暗为止（相对黑暗）。如果显微镜中的上偏光镜不能转动，则需要做专门修理。

经过上述校正之后，目镜十字丝应当严格与上、下偏光镜振动方向一致。但有些显微镜的目镜没有定位螺丝，使用过程中或更换目镜时，可能使目镜十字丝位置改变，因此需要校正目镜十字丝的位置。

（三）检查目镜十字丝是否严格与上、下偏光镜振动方向一致

（1）在岩石薄片中选一个具极完全解理缝的黑云母，置于视域中心，使黑云母解理缝与目镜十字丝之一平行。

（2）推入上偏光镜，如果黑云母变黑暗（消光），证明目镜十字丝分别与上、下偏光镜振动方向一致。如果黑云母不全黑暗（未达消光位），转动载物台，使黑云母变黑暗（达消光位）。推出上偏光镜，旋转目镜，使十字丝之一与黑云母解理缝平行。此时，目镜十字丝与上、下偏光镜振动方向一致。

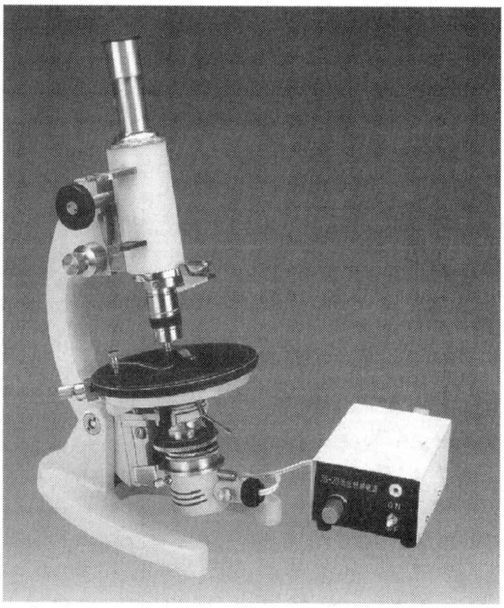

图 1-5　正交偏光显微镜

思政素材　中国矿产资源分布情况

中国矿产资源丰富,已探明的矿产资源约占世界总量的12%,居世界第3位。但人均占有量较少,仅为世界人均占有量的58%,居世界第53位。迄今为止,共发现矿产173种,其中探明储量的矿产158种(能源矿产10种、黑色金属矿产5种、有色金属矿产41种、贵重金属矿产8种、非金属矿产91种、其他水气矿产3种)。中国已成为世界上矿产资源总量丰富、矿种比较齐全、配套程度较高的少数国家之一。按探明储量计算,中国45种主要矿产中有25种居世界前三位,其中稀土、石膏、钒、钛、钽、钨、膨润土、石墨、芒硝、重晶石、菱镁矿、锑等12种居世界第一位。

中国矿产资源分布情况如下:石油、天然气主要分布在东北、华北和西北。煤主要分布在华北和西北。铁主要分布在东北、华北和西南。铜主要分布在西南、西北、华东。铅、锌矿遍布全国。钨、锡、钼、锑、稀土矿主要分布在华南、华北。金、银矿分布在全国。磷矿以华南为主。

主要矿产资源包括:

(1)煤炭资源。中国煤炭储量居世界第一位。全国已探明的保有煤炭储量为10 000亿 t,主要分布在华北、西北地区,以山西、陕西、内蒙古等省(区)的储量最为丰富。

(2)油气资源。主要蕴藏在西北地区,其次为东北、华北地区和东南沿海大陆架。截至1998年年底,中国已找到509个油田和163个气田。累计探明石油和天然气地质储量分别为198.5亿 t和1.95万亿 m^3,列世界第九位和第二十位。其中,陆上石油资源量和天然气资源量分别占中国同类资源总量的73.8%和78.4%,已形成松辽、渤海湾、塔里木、准格尔-吐鲁番、四川、陕甘宁等六个大型油气区。

金属矿产包括:

(1)黑色金属:探明储量的有铁、锰、钒、钛等,其中铁矿储量近500亿 t,主要分布在辽宁、河北、山西和四川等省。

(2)有色金属:凡是在世界上已发现的有色金属在中国均有分布。其中,稀土的储量占世界的80%左右,锑矿的储量占世界的40%,钨矿的储量则为世界其他国家储量总和的4倍。

截至2021年年底,中国已经发现矿产173种,其中探明储量的矿产158种,矿产地2万多处。

(1)能源矿产资源。中国能源矿产资源比较丰富,但结构不理想,煤炭资源比重偏大,石油、天然气资源相对较少。煤炭资源的特点是:蕴藏量大,但勘探程度低;煤种齐全,但肥瘦不均,优质炼焦用煤和无烟煤储量不多;分布广泛,但储量丰度悬殊,东少西多,北丰南贫;资源赋存东深西浅,露采煤炭不多,且主要为褐煤;煤层中共伴生矿产多。油气资源的特点是:石油资源量大,是世界可采资源量大于150亿 t的10个国家之一;资源的探明程度低,陆上探明石油地质储量仅占全部资源的1/5,近海海域的探明程度更低;分布比较集中，大于 10 万 km^2 的 14 个盆地的石油资源量占全国的 73%，中部和西部地区的天然气资源量超过全国总量的 1/2。其他能源矿产，如地热、油页岩等在中国也比较丰富。

(2)金属矿产资源。中国属于世界上金属矿产资源比较丰富的国家之一。世界上已经发现的金属矿产在中国基本上都有探明储量。其中，探明储量居世界第一位的有钨、钒、锑、稀土、钽、钛，居世界第二位的有钼、铌、铍、锂，居世界第四位的有锌，居世界第五位的有铁、铅、金、银等。金属矿产资源的特点是：分布广泛，但又相对集中于几个地区，如铁矿主要分布在鞍山-本溪、冀北和山西等 3 大地区，铝土矿主要集中于山西、河南、贵州、广西等省(区)，钨矿主要分布于江西、湖南、广东，锡矿主要分布于云南、广西、广东和湖南；部分矿产储量大，质量高，在国际上具有较强竞争力，如钨、锡、铝、锑、稀土等；许多重要矿产质量欠佳，如铁、锰、铜等矿产，贫矿多，难选冶矿多；中小型矿床所占比例大，大型、超大型矿床所占比例小。

(3)非金属矿产资源。中国是世界上非金属矿产品种比较齐全的少数国家之一，全国现有探明储量的非金属矿产产地 5 000 多处。大多数非金属矿产资源探明储量丰富，其中菱镁矿、石墨、萤石、滑石、石棉、石膏、重晶石、硅灰石、明矾石、膨润土、岩盐、芒硝等矿产的探明储量居世界前列；磷、高岭土、硫铁矿、硅藻土、沸石、珍珠岩、水泥灰岩等矿产的探明储量在世界上占有重要地位；大理石、花岗石等天然石材，品质优良，蕴藏量丰富；钾盐、硼矿资源短缺。但是，一些非金属矿产分布不平衡，特别在沿海和经济发达地区，探明储量尚不能满足本地区经济发展的需求。

(4)水、气矿产资源。中国已查明天然地下水资源量 8 700 亿 m^3/a，可开采资源量 2 900 亿 m^3/a，地下微咸水天然资源量约 200 亿 m^3/a。地下水资源地区分布不均匀，南方地区丰富，西北地区贫乏，地下水含水层类型地域性分布明显，孔隙水主要集中在北方，岩溶水在西南地区广泛分布。

中国已发现地热点 3 000 多处，勘查评价的地热田 298 处，其中 60 ℃以上热水田 89 处。已探明地热流体可开采量 166 497 m^3/d，相当于 298.7 万 t 标准煤。矿泉水资源和二氧化碳气资源也比较丰富。

地质实习指导

任务一　实习要求概述

一、实习目的

完成自然地理学、工程地质与水文地质等课程教学野外实践环节,使学生将课堂所学知识与野外具体实际结合,从理性和感性两方面建立地质学的概念与观点,掌握基本的地质类课程野外工作内容和工作程序,培养动手能力,增强集体合作意识,为将来的工作实践打下基础。

二、实习内容

主要包括常见矿物、岩石的野外鉴别,地质构造的野外认识和构造现象的分析,黄土岩性与黄土地貌、流水地貌现象的认识与分析,风化作用、滑坡、地形与地貌发育规律等地质作用与地质现象的分析,实际训练地质罗盘的使用,熟悉岩矿知识检索拓展、地质点位定点及描述 APP(应用程序)的使用等。不同实习地点的观察学习内容各有侧重。

三、实习地点

经长期的教学实践积累,目前符合课程教学要求的实习地点包括:泾阳县张家山泾惠渠首工程处,淳化—口镇冶峪河口,西安市临潼区骊山牡丹沟、冷水沟,周至县黑河水库区域(见图 2-1)。

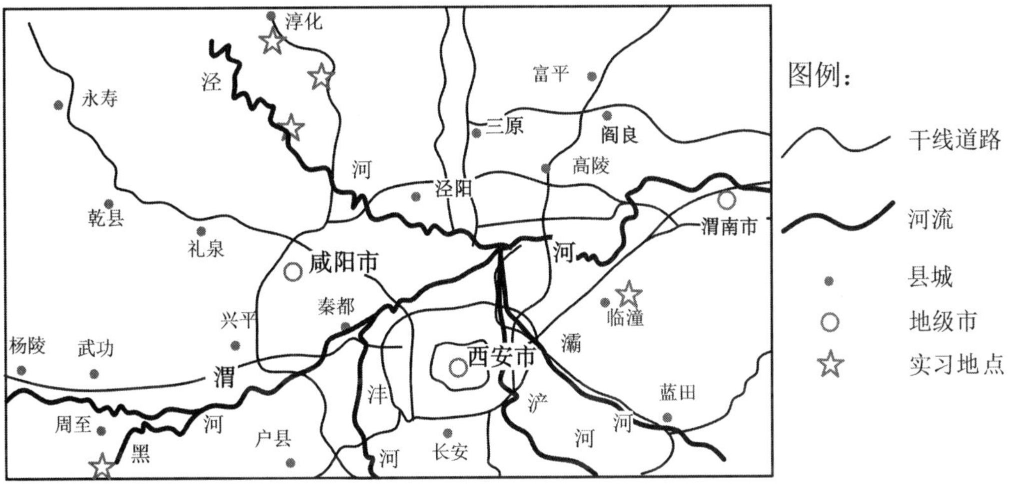

图 2-1　实习点交通位置图

四、实习时间

实习安排在课程内容全部结束之后进行，实习总时间为一周。

五、实习成绩评定

依据野外表现、数据材料收集程度和实习报告成绩进行综合评定。

任务二　区域地质概况

实习区位于北西向天山—祁连—秦岭—桐柏山活动带与北东向长白山—太行山—横断山活动带相互交织的秦岭地轴的北部，包括鄂尔多斯盆地的一部分。著名地质学家李四光、张文佑、陈国达教授分别用地质力学、断块学说和地洼学说的观点对该区进行了划分。本任务以我国著名地质学家黄汲清教授创始和奠基的中国历史大地构造学观和活动论、阶段论、地槽褶皱带多旋回发展的理论和方法为指导思想，对该区构造单元进行了划分。

实习区自北向南跨越两大地质构造单元，五个次级单元。北部的"北山"及关中平原属于华北地台区，而南部的秦岭北坡属于秦岭褶皱系。两大构造单元及各二级、三级单元的地质发展历史、地层发育序列、沉积演化的历史、岩浆活动、地质构造情况等有较大的差异。五条地质观测路线分属于不同的构造单元和二级、三级构造单元。实习区大地构造区划见图 2-2。

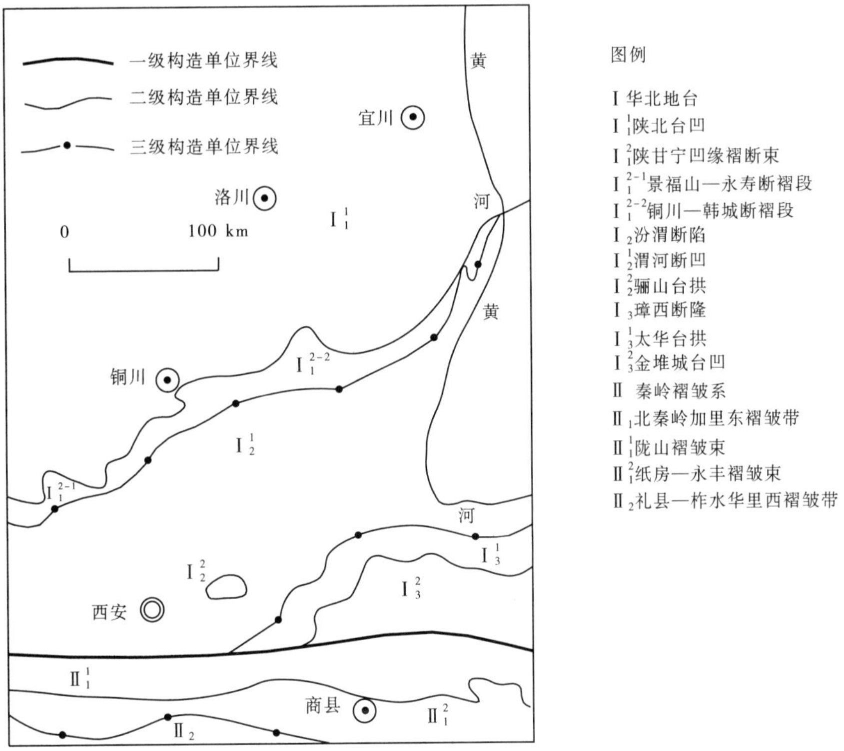

图 2-2　实习区大地构造区划(据《陕西省区域地质志》,1989)

一、华北地台

实习区位于华北地台的南部，主要由四个次级构造单元组成：①陕北台凹；②陕甘宁凹缘褶断束；③渭河断凹；④太华台拱。

(一) 陕北台凹(I_1^1)

陕北台凹是鄂尔多斯盆地的一部分。鄂尔多斯盆地的基底由太古宇及下元古界变质岩系组成，其上为中元古界长城系、蓟县系及上元古界震旦系和古生界寒武系、奥陶系、石炭系、二叠系及中生界三叠系、侏罗系、白垩系乃至第三系、第四系等不同类型的地层沉积，厚度可达万米以上。早古生代，浅海相地层岩性以灰岩为主，由于海盆西南缘地势低洼，沉积厚度稍大一些。晚古生代至早中生代，沉积环境由海相向内陆湖盆转化。中生代，地层沉积厚度大，主要以三叠系、侏罗系的砂岩、页岩及泥岩为主。白垩系主要沉积物以河湖相杂色砂泥岩及山麓相砾岩为主。第三系在此区分布零星，主要位于盆地西缘及西北缘。第四纪时，盆地北部以一套河湖相沉积和风沙沉积为主，南部以黄土沉积及河谷中的冲积层沉积为主。中生代晚期，受燕山运动的影响，鄂尔多斯盆地逐渐结束了它漫长的历史，自白垩纪晚期至第三纪，此区整体处于缓慢隆升时期，地理学上称其为高平原地貌时期，其周边也开始出现了一些小型断陷盆地如渭河盆地等。第三纪晚期，鄂尔多斯地块隆升速度加快，地表风化剥蚀强烈，呈现出壮丽的高原景观地貌。这一时期，新构造运动表现明显，如造成此区大量基岩山区剥蚀的泥沙质等碎屑物质堆积在山前低洼地带或一些盆地之中形成的红色黏土、砂黏土类的松散物质沉积。第四纪以来，受这一构造作用影响，黄土高原处于不断的区域性上升过程中，黄土状地层在风化侵蚀的环境中沉积着有限的厚度。在这一特殊的新构造运动制约下，地表水的下蚀能力增大，山间河流水系发育明显。

总之，鄂尔多斯地台自古生代以来，一直是一个十分稳定的地台，虽然这期间也曾有过地壳升降和海陆交替的历史，但也只是盆地的中心有所偏移，而盆地的整体结构并未遭到严重破坏。盆地中心显示出地层较为水平的格局。从宏观上看，鄂尔多斯周边区域构造情况类型各异。如中生代，盆地南部隆起成山，称为渭北山系，这一山系组成鄂尔多斯地台的南部边缘，也称为陕甘宁凹缘褶断束。

(二) 陕甘宁凹缘褶断束(I_1^2)

陕甘宁凹缘褶断束大致以泾河为界划分为两个次级单元。实习区泾阳县口镇—淳化县花园口地质路线为景福山—永寿断褶段(I_1^{2-1})。该区的奥陶系灰岩具陆缘活动环境特征，石炭系-三叠系主要为河湖相砂泥岩，白垩系为山麓磨拉石。岩浆活动不发育。褶皱总体为一北倾的复单斜，次级褶皱一般较为宽缓对称，但常被断裂破坏而不连续。渭河盆地北缘北山山前大断裂具多期(次)活动特征，早期以压扭性为主，中新生代多为张扭性质。

(三) 渭河断凹(I_2^1)

渭河断凹亦称渭河断陷、渭河地堑，为新生代复杂的“箕状”地堑式断块凹陷，受断凹北缘北山山前与南缘秦岭北坡山前两大断裂带所控制，西起宝鸡，东到潼关，长约 300 km，宽度 30～60 km，构成“八百里秦川”。陆相堆积层厚度大于 700 m，总断距上万米。

温泉、地震发育。

新生界可分为三个亚构造层：下第三系亚层、上第三系亚层和第四系亚层。第四系亚层分四小层。第一层至第三层分别为下、中、上更新统，每层分两部分，下部为河湖相砂砾石，上部为风成黄土。第四层全新统为河床相砂砾石。

（四）太华台拱（I_3^1）

太华台拱为一长期隆起单元，至今仍在上升，形成与渭河断凹高低悬殊的陡峻地形。太华群总厚褶度大于 5 000 m。铁铜沟组碎屑岩呈角度不整合覆于太华群之上。熊耳群火山岩与铁铜沟组的接触关系为角度不整合。太华群的变质作用达角闪岩相-麻粒岩相。熊耳群火山岩与铁铜沟组均经历了绿片岩相的变质作用。岩浆活动发育，以燕山期花岗岩为主，并有武陵期花岗岩的侵入。矿产主要有金，产于太华群石英脉和武陵期张家坪花岗岩体之中。

二、秦岭褶皱系

实习区涉及的秦岭褶皱系为北秦岭加里东褶皱带，包括两个次级构造单元：①纸房—永丰褶皱束；②太白—商县褶皱束。

（一）纸房—永丰褶皱束（II_1^2）

纸房—永丰褶皱束位于渭河断凹的南侧，其主体为中元古褶皱带，主要由宽坪群、陶湾群组成，南缘可能卷入早古生界。中元古界宽坪群分布广，厚度大，原岩有海相基性火山岩、碎屑岩和钙硅质岩。根据岩石化学成分，火山岩属岛弧拉斑玄武岩。宽坪群之上的陶湾群，原岩为浅海相碳酸盐岩及泥、碎屑岩，厚约 3 000 m。盖层为陆相含煤碎屑岩-红色碎屑岩。侵入岩分布较广，具多时期和多岩类特点，以燕山期花岗岩为主。加里东期有中性、基性、超基性岩体和印支期花岗岩基分布，另有花岗斑岩岩株出露。中元古界经中压相系低绿片岩相-低角闪岩相变质。

该褶皱束总体为一复背斜，有四期不同形式的叠加，早期褶皱往往被掩盖，现有褶皱后期叠加的背、向形，次生面理发育，多期变形与变质作用、岩浆活动紧密伴生。第一期褶皱近东西向，呈同斜紧闭褶皱，局部出现平卧褶皱，发生轴面片理及弯褶皱、钩状褶皱、无根褶皱和“香肠”状褶皱等，伴随早期基-中性脉岩侵入，为前加里东期变形。第二期褶皱也为东西向，与第一期交角小于 20°，或近于共轴叠加，形成较开阔的弯褶皱-滑劈褶皱，产生折劈理，并在北部较发育，为加里东期变形。第三期褶皱为燕山早期变形，出现垂直叠加的南、北向平行式褶皱和同轴向断裂。沿断褶带及与第二期背形交会部位有燕山期花岗岩侵入。第四期褶皱为断裂变形，出现 NW 向、NE 向 X 扭裂及大规模由北向南的推覆，推测为燕山晚期变形。

（二）太白—商县褶皱束（II_2^3）

太白—商县褶皱束位于北秦岭加里东褶皱带南部，处于纸房—永丰褶皱束和礼县—柞水华里西褶皱带之间，呈东西向条带状展布，曾被认为是秦岭地轴的主体部分。由中元古界、古生界和新生界组成。

中元古界构造层实际上是地槽内的陆壳残缺，由秦岭群片麻岩、大理岩、片岩组成，厚度大于 9 000 m，原岩为海相陆源碎屑岩夹碳酸盐岩、火山岩。

岩浆活动发育,早古生界火山岩以钙碱性系列钠质类型为主,接近于岛弧拉斑玄武岩亚系列。侵入岩约占本区总面积的 1/3,以中酸性岩为主。加里东期有混合花岗岩和基性超基性岩。华力西期有闪长岩。印支期有大型花岗岩基。

秦岭群变质程度较均一,为低压相系高绿片岩相-高角闪岩相,混合岩化强烈,具多期变质。变质年龄主要有两组:①1 000~1 400 Ma(“芹峪”期);②420 Ma(加里东期)。前者为主变质期,此外还有印支期、燕山期叠加。

任务三　罗盘的使用

地质罗盘仪也叫袖珍经纬仪、罗盘（见图 2-3），它是野外地质工作者必须掌握的工具，可用来辨别方向，确定观察点的位置，测定岩层和一切构造面的产状，测量地形的坡度，同时用皮尺配合还可以测制地质剖面图、简易地形图等。这里就先了解一下地质罗盘仪的结构，熟练掌握其基本的使用方法。

一、地质罗盘仪的结构

地质罗盘仪和普通指南针一样，是根据地球的地磁极指向南北的原理制成的。形式很多，有近似圆形的，也有方形的等，但结构大同小异，由铜、铝质或其他非磁性合金制成的盒子外壳，内装有测定方向的构件和测斜器。

（一）测定方向的构件

测定方向的构件由磁针、磁针制动器、水平刻度盘、圆水准器和瞄准器组成，如图 2-3 所示。

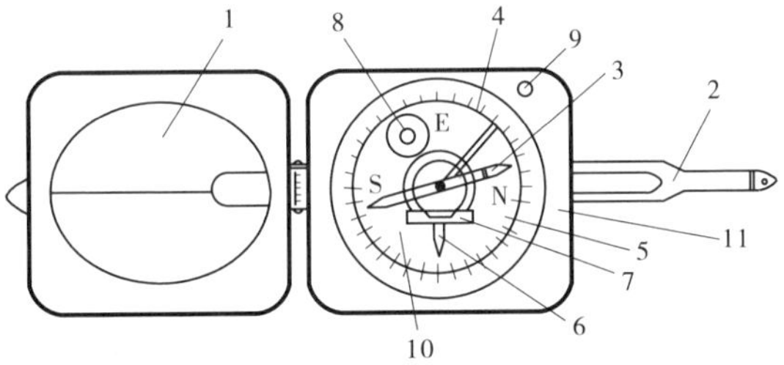

1—反光镜；2—瞄准觇板；3—磁针；4—水平刻度盘；5—垂直刻度盘；6—测斜指示器；7—长水准器；8—圆水准器；9—磁针制动器螺丝；10—磁针固定杆；11—罗盘底盘。

图 2-3　地质罗盘仪的示意图

（1）磁针：是罗盘定向的最主要部件，安装在底盘中央的顶针上，进行测量时放松磁针制动器螺丝，使磁针自由摆动，最后静止时磁针的指向就是磁针子午线方向。不用时必须立即旋紧磁针制动器螺丝，将磁针抬起压在盖玻璃上，避免磁针帽与顶针尖的碰撞，以保护顶针尖，延长罗盘使用时间，这点要特别注意。我国位于北半球，磁针两端受磁力不等，使磁针失去平衡，为了使磁针保持平衡，常在磁针南端绕上几圈铜丝。用此也便于区分磁针的南北两端。

（2）水平刻度盘：刻度有两种表示方法，一种是以底盘的北（N）端为 0°，反时针方向连续刻至 360°，而 180°、90°和 270°分别为 S、E 和 W。用这种方法刻记的罗盘称为方位角罗盘仪；另一种是象限角表示方法，是以底盘的北（N）、南（S）端各为 0°，分别向东（E）、西（W）端刻至 90°，这种方法刻记的罗盘称为象限角罗盘仪。水平刻度盘上刻着的东、西标记与实际的东、西相反，是为了便于测量能直接读得所求的数。

（3）圆水准器：固定在底盘上，使用时圆水泡居中，说明罗盘放置水平了。

（4）瞄准器：包括长测望标、短照准合页、小测望标、反光镜（中间有平分线，下部有透明小孔），作瞄准被测地物之用。

（二）测斜器

测斜器由测斜指示器、长水准器、垂直刻度盘组成，用来测定岩层和一切构造面的倾角和地形坡角。

（1）测斜指示器：悬挂在磁针轴下方，通过底盘处的扳手可使测斜指示器转动，测斜仪中央尖端所指刻度即为倾角或坡角的度数。

（2）长水准器：固定在测斜指示器上，其水泡是观察测斜仪是否水平的依据。

（3）垂直刻度盘：用来读倾角和坡角的角度，以 E 或 W 位置为 0°，S 和 N 分别为 90°。

二、地质罗盘仪的使用

（一）测定方向

松制动器，手托罗盘，将其反光镜紧贴自己的腹部，长测望标竖起朝向前方（见图 2-4）。使被测目标、长测望标尖、反光镜中心线在同一直线上（见图 2-5），放平罗盘，使圆水准居中，读磁北针所指度数，即为被测目标的方位角（当指针一时静止不了，可读磁针摆幅的平分处度数）。

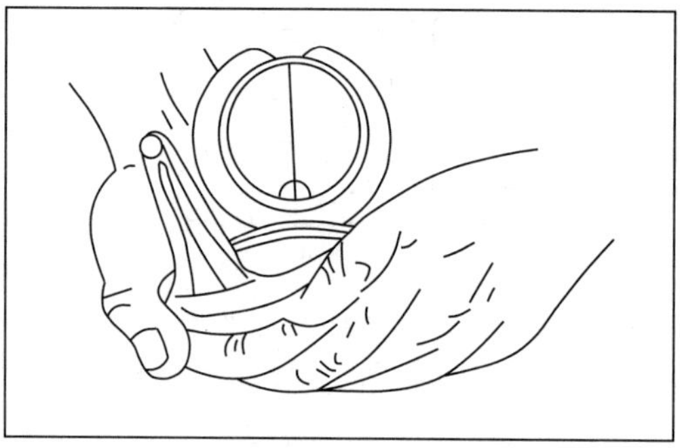

图 2-4　手持罗盘测方向图示

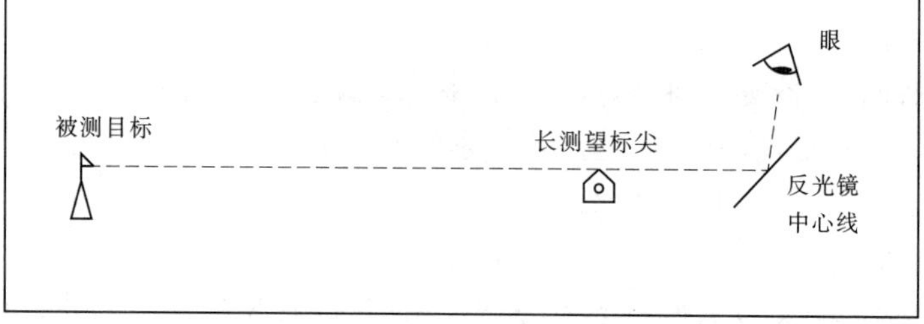

图 2-5　测量方向示意图

假如，被测目标位于观测者较低位置（俯角大于 15°），这时将罗盘举到胸前，长测望标靠近自己，面对反光镜，使被测目标通过反光镜透视孔中的平分线，经长测望标尖小孔和眼构成一直线（见图 2-6），放平罗盘，读出磁针南极所指的度数（因用罗盘瞄准测物时南北两端与前者正好颠倒），即为被测目标的方位角。

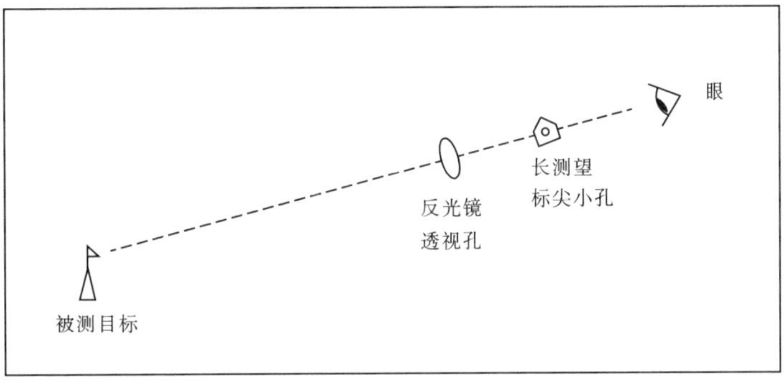

图 2-6 被测目标位于观测者视平线下方时测量方向示意图

为了避免时而读指北针，时而读指南针，产生混淆，故应记住长测望标指向所求方向恒读指北针，反之读指南针。亦可先用罗盘定向，再观察待测方向，即先知道该方向的大体方位角度范围，量测后再读落入该范围内的磁针的准确指向方位角度。

（二）测定岩层和一切构造面的产状要素

测走向时，将罗盘的长边（S、N 边）与层面紧贴，如图 2-7 所示，放平，圆水准气泡居中后，北针或南针所指的度数即为岩层的走向。如岩层的走向为 60°或 240°，两者相差 180°。

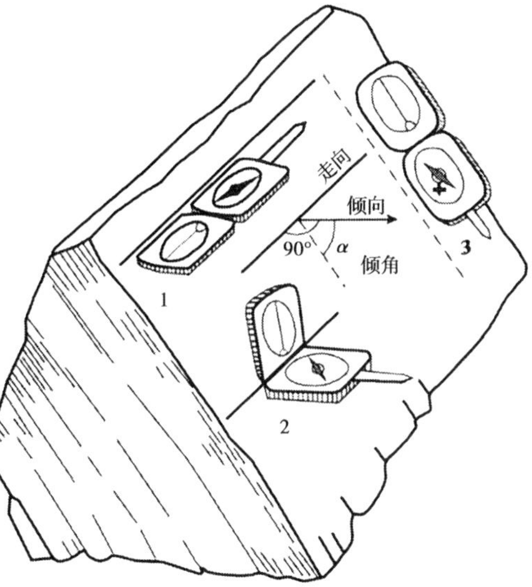

图 2-7 岩层的产状要素及其测量方法

测倾向时，用罗盘的北端指着层面的倾斜方向（见图 2-7），使罗盘的短边（E、W 边）与层面贴紧，放平，北针所指的度数即为所求的倾向。倾向仅有一个指向，只能用一个数值表示。假若在岩层顶面上进行测量有困难，也可以在岩层底面上测量，仍用长测望标指向中岩层倾斜方向，罗盘北端紧靠底面，读指北针即可。假若测量底面时读指北针受障碍,则用罗盘南端紧靠岩层底面,读指南针亦可。

测倾角时,将罗盘竖起,以其长边贴紧层面,如图 2-7 所示,并与走向线相垂直,用中指拨动罗盘底部的活动扳手,使长水准器中的水泡居中,读测斜指示器中所指最大读数,即为岩层之真倾角。倾角的变化介于 0°~90°,如一岩层的倾角为 35°。

在野外测定产状要素,往往只要测量岩层和一切构造面的倾向和倾角,并记录下来。记录的格式:若岩层的产状为 150°∠35°,前者表示倾向,后者表示岩层的倾角。由于走向和倾向相差 90°,倾向加或减 90°即为走向,上述岩层的走向是 60°或 240°两个数值。这也是为什么一般不记录走向的原因。只有当岩层倾角近于直立时才记录走向。

野外测量岩层产状时,必须在岩层露头上测量,不能在滚石上测量,因此要区分露头和滚石。区分露头和滚石,主要是靠多观察和追索,并善于判断。另外,如果岩层面凹凸不平,可把记录本放在岩层面上,当作层面以便进行测量。

在野外测得的产状要素要标注在图件相应位置上。产状符号一般用"├35°"表示,长线表示走向,与长线相垂直的短线表示倾向,数字代表倾角。

(三)坡度角的测量

坡角有两种:一种是向上测的仰角,记录时在度数前加"+"号(如+15°);另一种是向下的俯角,记录时在度数前加"-"号(如-25°)。仰角和俯角的测量方法相同,先将罗盘横竖,用左手握紧,使反光镜面对自己,长测望标拉直,并将短照准合页与长测望标相垂直,被测目标(被测目标离地面的距离要与罗盘离地面的距离相一致)通过反光镜透视孔中心线,与长测望标尖小孔成一直线后,用右手调整测斜仪的长水准气泡居中,在测斜仪上读出度数,即为被测目标的坡度角。

(四)地形图上定点

利用方位角可以在地形图上定点,即确定自己在地形图上的位置,称为交会法。定点时,要选定地形图中的三个物体,如山头。为确保精度要求,三个物体之间的交角应在 60°左右,两物体的交角不小于 30°。常用的方法有后方交会法、侧方交会法、前方交会法。

1. 后方交会法

该方法是利用地形图的三个已知点来确定自己所在的未知位置。在某一未知点分别测出已知三个点的方位角(见图 2-8),注意要读取指南针,如 1 点 140°、2 点 179°、3 点 245°。在地形图上找到三个已知点的位置,分别以该三点为基点,用量角器分别标出各点相应的方位角,并作出三条直线,三条直线的交点即为未知点的位置,若三条直线相交为一个三角形,三角形的中心点 A 即为未知点的位置。

2. 侧方交会法

该方法是已知地形图上 A、B 两点,其中 A 点可以到达,B 点不能到达,求出可以到达的 P 点位置。首先在 A 点对准 B 点和 P 点,测出两者的夹角 α。再到 P 点对准 A 点和 B 点,测出两者的交角 γ,这时 $\angle PBA=180°-\alpha-\gamma$。利用 A、B 点为图上的已知两点,用量角器通过 A 点沿 AB 向 P 方向画角 α,通过 B 点沿 BA 向 P 方向画角 γ,即求出 P 点在地形图上的位置。

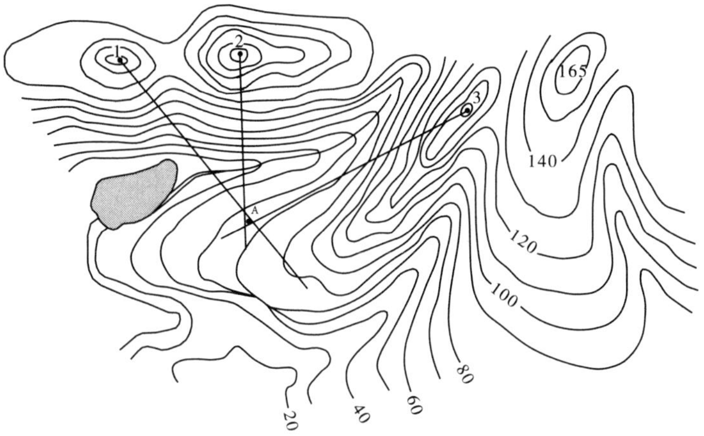

1、2、3—已知点;A—未知点。

图 2-8　用地质罗盘进行后方交会法定点

3. 前方交会法

该方法是已知地形图上 A、B 两点,求不能到达的 P 点位置。在已知 A 点,对准 B 点和 P 点,测出两者的夹角 α。在已知 B 点,对准 A 点和 P 点,测出两者的交角 β,在地形图上 A、B 两点依 α 角和 β 角作三角形,三角形的中心点即为未知 P 点在地形图上的位置。

任务四　实习点地质现象

一、陕西泾阳县张家山泾惠渠首

(一)概况

泾惠渠是关中八大水利工程之一,其渠首工程位于泾阳县西北张家山(北仲山),此地主要出露寒武系石灰岩、砂页岩,奥陶系薄层石灰岩及第四系砂砾岩上覆黄土薄层,此地构造情况复杂,有较典型的不整合面、小型断层岩层等现象,并可见到溶洞、泉水、小型河流阶地、侵蚀河谷、深切河谷等地貌现象。

渠首工程历史可追溯到战国时期的郑国渠,此后由于河流溯源侵蚀,宋、元、明、清时渠首位置不断上移。现在的渠首工程建于1931年,由我国著名水利专家李仪祉先生设计督建,并以泾惠渠定名。目前,该工程仍可提供有效灌溉面积100余万亩❶。

(二)地质现象

ZH001

点位:引水渠退水闸门处。

点性:河流阶地,河谷地貌,山区、平原交接地貌,如图2-9所示。

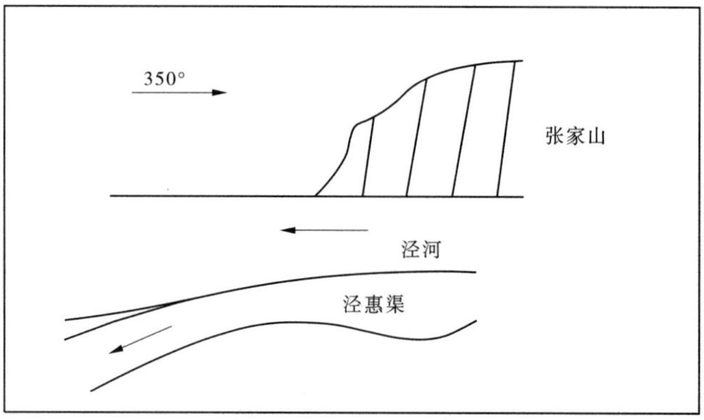

图2-9　张家山出山口地貌示意图

ZH002

点位:沿河床东侧渠岸北行约200 m处。

点性:寒武系、奥陶系石灰岩、砂页岩,第四系半固结砾岩,不整合面,泉水,如图2-10所示。

---

❶　1亩 = 1/15 hm^2,全书同。

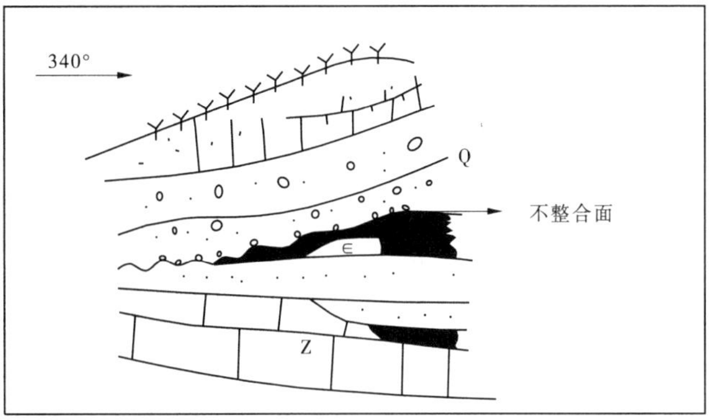

图 2-10 寒武系、奥陶系、第四系岩层交接关系示意图

ZH003

点位：距 ZH002 点北约 400 m 处渠侧。

点性：鲕状石灰岩，奥陶系石灰岩中的小型溶洞。

鲕状石灰岩反映滨海相动荡水体沉积环境，多层溶洞反映山体的多期次上升。

ZH004

点位：张家山泾惠渠首坝后（见图 2-11）。

点性：筛珠洞泉水、断层及坝肩岩石。

渠首大坝为混凝土重力坝，上设闸门，大坝左肩设电站，尾水进入渠道。坝体高约 20 m，坐落在奥陶系中一薄层石灰岩层上，石灰岩呈褐红色，显见有铁、泥质浸染，坝后约 30 m 右岸可见一断层通过，走向大致北东东，有断层三角面出露，筛珠洞泉水就由断层内涌出（见图 2-12）。

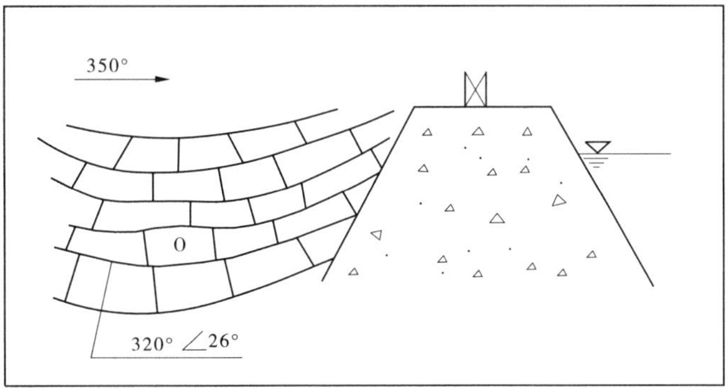

图 2-11 泾惠渠首坝址地质剖面图

(a) (b)

图 2-12　筛珠洞泉水及断层（箭头所指为断层面）

【思政素材】 泾惠渠的历史变迁。

泾惠渠最早的前身是郑国渠。郑国渠于秦王政元年（前 246）由韩国水工郑国在秦国主持穿凿兴建，十几年后完工。是古代劳动人民修建的一项伟大工程，属于最早在关中北部建设的大型水利工程。它西引泾水东注洛水，长达 300 余里（见图 2-13）。其时韩国因惧秦，遂派水工郑国入秦，献策修渠，借此耗秦人力资财，削弱秦国军队。此举适得其反，促使秦国更加强大。《史记 · 河渠书》记载：渠就，用注填阏之水，溉泽卤之地四万余顷，收皆亩一钟。于是关中为沃野，无凶年，秦以富强，卒并诸侯，因命曰郑国渠。

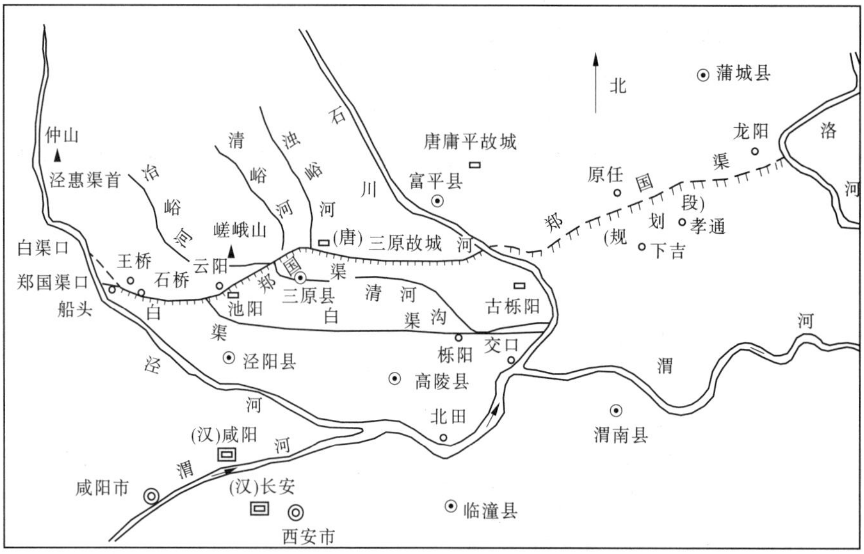

图 2-13　泾惠渠的位置与历史变迁

郑国渠首位于仲山（张家山）泾河出山口“瓠口”（今王桥镇上然村西北）。渠线沿王桥、桥底镇东进，过寨子沟后东北折，经扫宋乡公里、椿树吕村一线，于蒋路乡水磨村附近横穿冶峪河，至甘泽堡后东折，于龙泉乡铁李村入三原境。其渠首工程设施无考，灌溉方式为引洪淤灌（大水漫灌）。

郑国渠的作用不仅仅在于它发挥灌溉效益的 100 余年，还在于它开了引泾灌溉之先河，对后世引泾灌溉发生着深远的影响。秦以后，历代继续在这里完善其水利设施：先后历经汉代的白公渠、唐代的三白渠、宋代的丰利渠、元代的王御史渠、明代的广惠渠和通济渠、清代的龙洞渠等。汉代有民谣："田于何所？池阳谷口。郑国在前，白渠起后。举锸为云，决渠为雨。泾水一石，其泥数斗，且溉且粪，长我禾黍，衣食京师，亿万之口。"称颂的就是引泾工程。引泾渠首除历代故渠外，还有大量的碑刻文献，堪称蕴藏丰富的中国水利断代史博物馆，现已列入国家级文物保护单位。

1929 年，陕西关中发生大旱，三年六料不收，饿殍遍野。引泾灌溉，急若燃眉。中国近代著名水利专家李仪祉先生临危受命，毅然决然地挑起在郑国渠遗址上修泾惠渠的千秋重任。在他本人的亲自主持下，此渠于 1930 年 12 月破土动工，数千民工辛劳苦干，历时近 2 年，终于修成了如今的泾惠渠。1932 年 6 月放水灌田，引水量 16 m^3/s，可灌溉 60 万亩土地。自此开始继续造福百姓。新中国成立以来，按照边运用、边改善、边发展的原则，对新老渠系进行了 3 次规模较大的改善调整与挖潜扩灌。1949~1966 年为第一阶段，1966~1983 年为第二阶段，20 世纪 80 年代后至 1995 年为第三阶段。为继续解决灌区工程老化失修、效益衰减问题，1989 年泾惠渠被列入关中三大灌区改造项目之一，开展了以更新改造、完善配套和方田建设为主要内容的灌区建设，共安排 8 项工程和方田 38.7 万亩。现在，整个灌区灌溉面积达 145.3 万亩，灌区辖咸阳、西安和渭南三市的泾阳、三原、高陵、临潼、阎良、富平 6 个县(区)，总人口 120 万，是陕西省重要的粮食生产基地之一。

二、泾阳县口镇冶峪河口

泾阳县口镇位于泾阳县城西北约 20 km，地形上属于嵯峨山山前冲洪积扇，为泾阳、淳化两县交界处。嵯峨山及其西侧的北仲山均属渭北低山的一部分。渭北低山在海西、燕山运动隆起的基础上，喜马拉雅运动形成。南缘为 NE-SW 向正断层与渭河地堑相接。本体为 NE-SW 向延展的复式大型穹窿背斜，由一系列彼此平行的背斜和向斜构成，在后期构造运动影响下，使之发生断块为主的构造变动。这些断块不断产生侧向压力，形成自东南向西北的叠瓦式逆断层。可以看到寒武系地层逆掩在奥陶系地层之上，奥陶系地层又逆掩在二叠系地层之上。常常在断裂附近可见岩层倾角变陡甚至局部直立或倒转，而离开断裂带岩层迅速变缓成为波状褶皱。

实习点位于鄂尔多斯地块的南缘，归属于汾渭地堑北缘的渭北隆起带(见图 2-14)。该区褶皱、断裂发育，构造形态多种多样，是研究渭河地堑及其北缘渭北隆起带构造特征及形成过程的良好区段，长期以来受到教学、科研、生产单位的普遍关注，是实施野外教学、训练分析问题的基本能力、培养学生主动思维的良好野外实验室。

此点出露寒武系、奥陶系浅变质灰岩、砂岩，不整合面以上则为中生界砂岩、煤页岩、页岩交互出露，显示海陆交互沉积特征。

此地寒武系、奥陶系地层产状混乱，与其上部覆压的中生界地层(近水平)明显不同，究其原因，乃是有一走向北东东—南西西的断层破碎带存在的缘故。此破碎带属褶皱过程中同期纵向断层切割而成，主要可见两条明显破裂面，一条位于山口地带，属正断层，倾向南南东，位于褶皱带南翼，属汾渭地垫，渭河阶梯状断层的一部分(见图 2-14)，被通过地区称为口镇—马关断层。

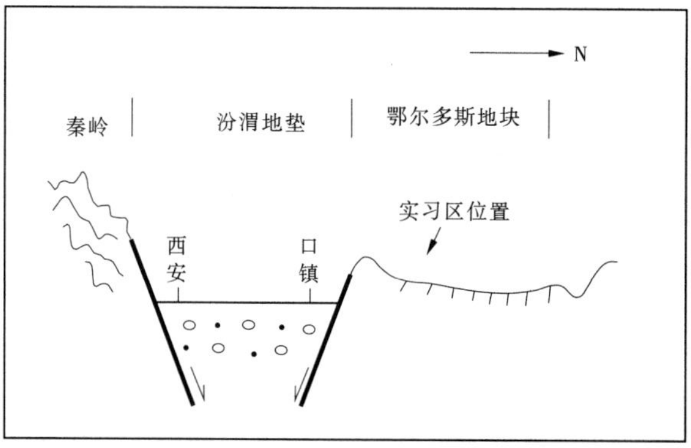

图 2-14　口镇地区构造特征图

另一条位于山口以内南南西约 100 m 处，据两盘牵引褶皱判断，仍属逆冲断层（见图 2-15），亦有平整破裂面，倾向南南西，属褶皱北翼产物。

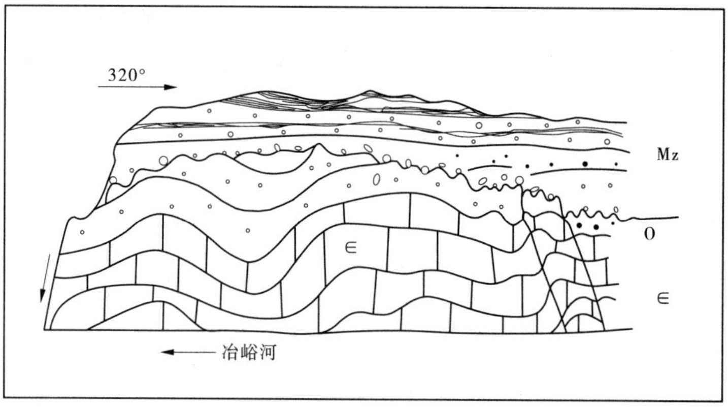

图 2-15　口镇冶峪河口地质剖面图

【思政素材】　嵯峨山与口镇。

自古以来，关中的北关就是萧关。萧关在今天宁夏固原地界，距离关中很远，并且不在正北方向。所以，很多人有疑惑，秦人为什么把几百公里之外的萧关定为关中的北关？萧关之所以重要，是因为春秋战国时，秦人的西北方向是众多游牧部族，他们的军事力量比较强大，经常进犯关中，他们进攻关中的通道主要是沿着泾河及其部分支流河谷。西周的灭亡，就是被犬戎从泾河河谷攻进来的。此后秦、汉、唐时期的匈奴和突厥也有从泾河及支流河谷侵扰关中的记录。因此，战国末期的秦人为了保障安全，就把关中的北关定在了泾河的发源地六盘山，建立了萧关。萧关古道南端的出口之一就是嵯峨山口的口镇。

口镇是陕西省泾阳县的一个文化重镇，之所以有此渊源，是缘于其境内的山和水。山名曰嵯峨山，古名荆山、巀薛山、慈峨山，在镇的正北；另一山曰北仲山，在口镇的西北，古时称“中山”，是泾河干流出山之处，与镇北的嵯峨山隔水（冶峪河）相望。水曰冶峪河水。据《史记》《水经注》《通志》《关中胜迹图志》等文献史料记载，在这里的山上山下、河水两岸,发生过诸多历史事件,流传着大量的历史故事和神话传说,给口镇这座历史上曾置州设县的战略要地、千年古道、重镇名邑涂上了神秘传奇的色彩。

口镇的历史悠久,遗址古迹丰富,人文历史积淀深厚。上古时就有先民生活在这块“荆山之阳”的古“文川”大地,该镇瓦渣院村西、冶峪河北岸的塬上的高家堡村,其北有新石器时代仰韶文化时期古戈国遗迹(见陕西省考古研究所著《高家堡戈国墓》)。口镇街道北不足千米,有寒门谷口,据《史记》记载,这里是人文始祖轩辕黄帝升仙之处。距口镇街西南几百米的东曹村、贾河滩村西冶峪河东岸有秦汉时的“谷口宫”(口镇宫)遗址。“谷口宫”是公元前331年,秦击义渠匈奴“得二十五城”,迁云阳县治至秦献公所建之谷口宫,并以云阳县,即今淳化、耀县、旬邑一带之云阳县境置抚夷护军。关于“谷口宫”,淳化县还出土有铸于西汉宣帝元康二年,即公元前64年的“谷口宫”鼎,口沿下有“谷口宫元康二年造”铭文。

口镇之北,由西而东的仲山与嵯峨山,形成了天然的屏障。从口镇街北仲山与嵯峨山之间的谷口沿冶峪河岸边北去的道路,自古就是秦都咸阳、汉唐都城长安北去的古路、官道。口镇至今还有“古道”“官道”两个带有浓重古路色彩的村名。口镇古名“金锁关”的冶峪谷口镇(后“金锁关”多指现今铜川附近),属泾淳的咽喉之区,是上古时代以来兵家必争的战略要地、重要关口与军事保障通道,秦、汉、唐等王朝之所以定都于咸阳、长安,其中一个重要的考量就是其西北有口镇这个天然的“金锁关”战略屏障。

在口镇街北谷口东西两座山上,分别有历史上的军营、兵寨与战壕遗址遗迹。这里有著名的响龙潭,在《史记》中称为鼎湖。其附近是传说史载故事集中之地,汉郑子真的隐居之处、冬青崖、赵山娃(赵匡胤祖父)故居、废弃的铁矿石洞、药王洞……众多的传说故事,都在演绎着这座历史名镇往昔厚重的人文历史。

三、淳化县城南公路旁

淳化县位于陕西省中部偏西、咸阳市北部,地处东经108°18′~108°50′,北纬34°43′~35°03′。北接旬邑,南连泾阳、礼泉,东与三原、耀县毗邻,西隔泾河与永寿、彬县相望。距咸阳市75 km、西安市85 km。

淳化县位于鄂尔多斯台向斜南缘褶皱带,属华北地台之一部。自震旦纪以来,地台不断遭到海侵,连续沉积了震旦系、寒武系和奥陶系白云质灰岩、页岩。奥陶纪中期,加里东造陆运动使该区抬升成为陆地,经历了漫长的志留纪、泥盆纪和石炭纪初期的剥蚀。进入中石炭纪,再次下沉被海水淹没。由于海侵较浅,海水进退反复,于是沉积了海陆交互的砂岩、页岩和薄层灰岩,并含质地较好的煤层。可见当时气候湿热、植物茂盛的景象。

二叠纪末海西造山运动的最后一幕,我国北方诸多山脉褶皱隆起,秦岭也大幅度上升。于是,地台南缘受其影响而发生褶皱上升,同时太行、吕梁山的隆起,形成鄂尔多斯向斜盆地的雏形。嗣后,边缘的上升和盆地内部的下沉差异运动,成为向斜盆地。三叠纪、侏罗纪、白垩纪的陆相沉积由南而北依次沉积,且逐渐加厚。中生代末的燕山运动,继承了老构造运动性质,并形成了盆地西缘六盘山脉及内部的子午岭。

从老第三纪到新第三纪发生喜马拉雅运动,一方面地台内部大面积的不均匀上升,形成北高南低的总趋势;另一方面边缘张裂隙发展产生汾渭断陷,其北缘就是岐山—富平直至韩城大断层,形成渭北低山。山体内部出现逆断层。

上新世以来的新构造运动,继承了北部上升南部相对沉降的性质,盆地中心逐渐向南移到泾、洛河的中游一带。进入第四纪以后,相继沉积了午城、离石、马兰黄土,长期的剥蚀使褶皱山体变得浑圆、低矮,在堆积与剥蚀的同时发育了如冶峪河一类的河谷。第四纪的振荡运动,在较大的河谷中发育了二～三级阶地,并形成一些承袭沟谷及低级的支沟、干沟。全新世以来,大河谷已切入基岩,曲流作用展宽谷底,形成高、低河漫滩,又生成数量更大的冲沟、切沟等侵蚀沟谷系统,塑造原来的地貌,产生水土流失。

实习点位于淳化县城西南约 10 km 处的公路西侧,该点距口镇实习点约 20 km,交通方便,完全可与其形成淳化—口镇 1 d 实习内容。

淳化南有发育完整的第四系黄土剖面出露,黄土开挖剖面现场显示,该处黄土边坡覆盖层较好,便于绘制黄土剖面。整体上出露多层的褐红色古土壤与黄土互层,主要为离石黄土。古土壤层下部具有明显的钙质结核层,部分古土壤条带有尖灭现象(见图 2-16)。

图 2-16　淳化南黄土剖面

四、西安市临潼区骊山

(一)区域地质概况

1. 地貌

骊山位于东西走向的太华山脉北部,海拔 1 302 m。

1)山前波状起伏平原

山前波状起伏平原属渭河谷地范围,与骊山截然分界,骊山北麓高角度正断层(N80°E)由源自骊山的河谷洪积而成。华清池至县城为扇间凹槽。骊山山麓早期洪积扇被水流切割堆积形成洪积扇的叠置,骊山北望可见洪积扇叠置现象。

2)山岭—台塬区

可进一步分为山岭区(低山区)和台塬区,分界为马坪沟至老母殿正断层及由老母殿至牡丹沟口一线。

(1)山岭区:震旦系石英岩系、正片麻岩、片麻状花岗岩、黑云母二长片麻岩及基性侵入岩为基底，上覆黄土。

沟谷深切呈 V 字形，急流瀑布发育，分水岭脊薄，分布片麻状花岗岩。

北部，石英岩被不同走向断层切割，呈断块山和半圆弧形崖面（老君殿西侧崖口、牡丹沟口、兵谏亭西侧均可见）

地堑构造：各断层形成地貌上为槽形凹地（老母殿旁槽形凹地），水系流向西北与流经之断层成正交，临近沟口急转，南北向注入渭河。

（2）台塬区：属白垩系、第三系红色岩系与黄土分布地带。

红色岩系出露地区内，砂岩与黏土岩相间分布，而发生“地滑”现象（层间蠕滑）。

形成宽谷（马坪沟、李家沟、冷水沟）。

西部黄土区沟壁直立形成 U 谷。

黄土分布区河谷内，可见高出谷底 2~3 m 的阶地，由砂砾泥土组成，规模较小。

2. 地层系统

骊山岩石构成如图 2-17 所示。

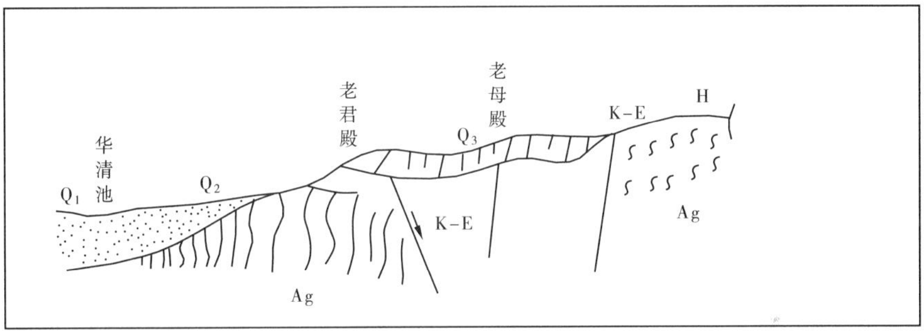

Q_1—黄土；Q_2—淤积物；Q_3—坡积物；Ag—前震旦系石英岩系；K-E—白垩系、第三系红色岩系。

图 2-17　骊山岩石构成图

（1）前震旦系石英岩系。

以灰白色及青灰色含长石颗粒的厚层石英岩为主，有薄层状石英岩、石英片岩、云母片岩、暗灰色千枚岩互层，全部岩层褶皱剧烈，厚度难以判认。分布在由三元洞至风王沟山岭北部一带。

石磨沟与风王沟内，广布灰白色正片麻岩，与石英岩系侵入接触，石英岩愈近片麻岩，烘烤愈烈，并过渡到石英片岩，最后为片麻岩截取。沟西侧两者接触处，有宽约 10 m 的云母片岩为主的接触变质带。

正片麻岩体中有淡红色片麻状花岗岩侵入体，南部吕家村侵入体规模最大约 12 km^2。

石英岩系与侵入其中的各种侵入体及震旦系石英砂岩呈不整合接触。

（2）震旦系石英砂岩。

基底为砾石，以石英砾为主，大者如卵，小者如豆，其上为红色、淡红色石英砂岩，厚度 1~15 m，北厚南薄，白垩系、第三系红色岩系直接覆盖其上。

(3)白垩系、第三系红色岩系。

自下而上分为四层：

①基底砾岩及砖红色疏松砂岩层：厚 10 m，以石英砂岩为主，胶结物为红色黏土。

②赭红色黏土为主夹红色砂岩及泥岩层，厚 80 m。

③底部以白色粗粒砂岩与其下岩层分界，土红色黏土层夹泥岩、粉砂岩、绿色页岩，厚 70 m。

④第二层白色砂岩及其上的白色、灰色砂岩、土红色砂质页岩互层，厚 140 m。

(4)黄土。覆盖于一切古老岩层之上，其间夹有淡红色垆坶土条带，石灰质结核。

(5)坡积物。骊山北坡淡黄色土状堆积物。

(6)洪积——淤积物。

3. 地质构造

大地构造单元属秦岭地轴的一部分。前震旦系结晶岩系构成了地轴基底，震旦系及白垩系、第三系岩层及各类土状堆积物为掩盖地轴的表层沉积。

以老母殿为中心，由震旦系及白垩系、第三系构成一规模较小且形象不明显的向西南倾没的向斜褶皱。

1)骊山北麓正断层(华阴—临潼断层的一部分)

骊山北麓正断层为分割渭河谷地和太华山脉的界线，走向北 80°东，倾向北，因受北北东断层切割，断面发生前后相错现象，捉蒋亭西侧有断裂痕迹，断层角砾粉末，华清池就是巨大断裂切割地壳深部所形成的热泉。

2)马坪沟与石鹰寺正断层

N-NE 方向，冷水沟与牡丹沟间的骆驼岭下，在震旦系石英砂岩上有断面及擦痕存在，倾角近于直立。在老母殿以北，断层分支为二：其一按原方向延至捉蒋亭，另一支以 N60°E 延至石鹰寺沟口，如图 2-18 所示。

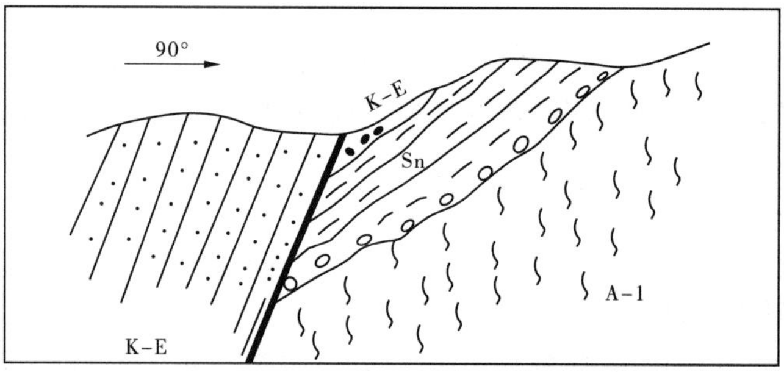

A-1—正片麻岩；Sn—震旦系石英岩；K-E—白垩系、第三系红色岩系。

图 2-18　骆驼岭断层剖面

3)牡丹沟正断层

走向 N-NE，高角度(≥80°)倾向西，在牡丹沟口震旦系石英砂岩与白垩系、第三系红色岩系以断层接触，石英砂岩上有擦痕(见图 2-19)。

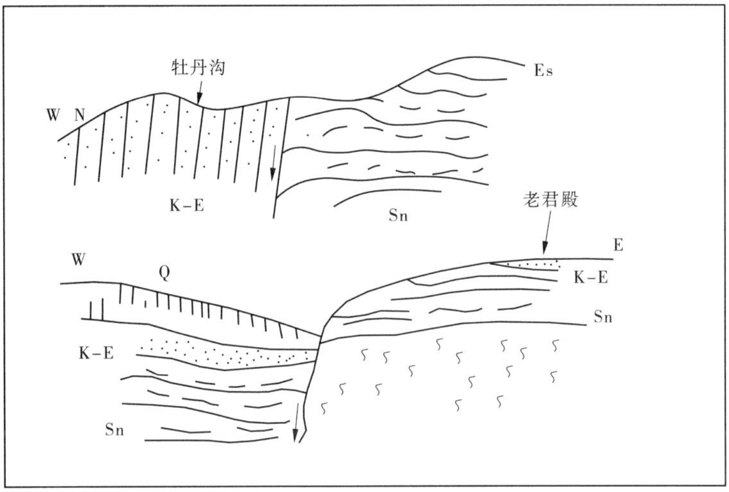

图 2-19　牡丹沟断层剖面

4）老君殿西侧正断层

与牡丹沟正断层属同一性质，同一走向平行排列，下盘 Sn 直接与上盘 K-E 接触，有断层角砾及岩粉存在。

5）红土沟正断层

西北下盘，东南上盘。与东南的马坪沟石鹰寺正断层的上下盘关系相反，构成穿过老母殿南的地堑构造。红色岩系出露于由老母殿至红土沟的狭长地带，红土沟顶西侧，Sn 上有断层面，走向 N-NE，倾角 60°~70°。

6）地母殿正断层

走向 N60°E，倾向南，与老母殿—捉蒋亭断层的俯仰关系相反，地母府南东出露向北成楔形的红色岩系。

7）三条沟正断面

走向 N-NE，倾角 65°，倾向东南，前震旦系石英岩及侵入的片麻状花岗岩在下盘出露。断层角砾岩厚达 1 m，断层两端均没入黄土中。

8）新开山正断面

与马坪沟石鹰寺正断层属同一组，在西北渠道、杨庙东，见红色岩系与片麻状花岗岩接触，断面处有角砾及岩粉。

4. 构造发育史

目前，对地层时代尚有争论。石英岩系在吕梁运动中结束了其沉积环境发生褶皱并受火成岩体侵入而涌起成山（见图 2-20）。从此时起，就太华山主体而言，处于长期相对稳定遭受剥蚀阶段，而其山麓低洼地带内，则沉积一些沉积物但厚度不大。如震旦系石英砂岩及白垩系、第三系红色岩系，因而区内缺乏各地质时期代表岩层的沉积。

白垩系、第三系沉积按其岩相属内陆盆地式沉积。它分布在古老岩系断块凹陷之处，断块下沉速度不一，红色岩系厚度也不一致，外观上发生于红色岩系沉积之后，断层实质是造成红色岩系沉积的原始盆地构造。今天表现在红色岩系沉积之后的断层，实质上是旧断层重新复活造成的。

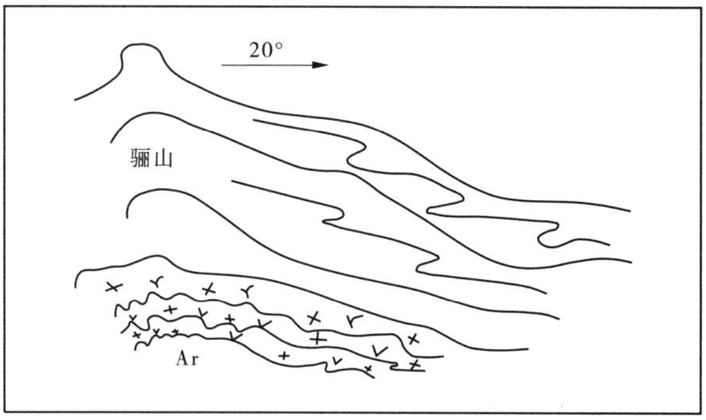

图 2-20　骊山山体隆升示意图

(二)骊山牡丹沟地质地貌

M001

点位:沟口向内约 10 m。

点性:黄土岩性与分层。

此点可见到一陡立黄土壁,最上部的红色古土壤层为离石黄土 Q_2 与马兰黄土 Q_3 的分界,既可划入 Q_3 也可划入 Q_2。Q_2 中大孔隙较多,Q_3 属被覆式沉积,即可反映下伏地形形态,垂向节理十分发育,Q_2 中古土壤层较多,“红三条”可作为 Q_2^1 和 Q_2^2 的分界。

M002

点位:沟口向内约 100 m。

点性:第三系砂岩、砂泥岩、牡丹沟断层破碎带。

此点北东盘为层状砂岩、砂泥岩,至沟坡边突然失去连续完整性而演变为构造角砾岩(硅质胶结),显示断层通过,此点仅可见破碎带和下盘岩层。

M003

点位:沟口向内约 200 m。

点性:牡丹沟断层面。

牡丹沟断层镜面,产状约 265°∠85°,可触摸断层面,了解断层性质,量测断层产状,了解断层多期次运动的特点。

M004

点位:沟口向内约 400 m 人防工程入口院内。

点性:断层上盘岩层及其产状测量。

此点可见到断层上盘中生代泥质砂岩、泥岩,有明显拖拉(牵引)现象,可测量产状(从东→西选三点)绘制剖面。

(三)骊山西冷水沟地质地貌

内容:Q 黄土剖面第三系冷水沟组砂、泥、页岩,深切曲流,平推断层。

此处构造较简单,主要为一倾斜岩层,倾向北北东,成因为骊山岩体的隆起上顶。可见层间小断层以及褶皱的存在(见图 2-20)。

L001

点位：冷水沟内。

点性：黄土剖面。

此点见到巨厚黄土层，剖面清晰，Q_1 午城黄土缺失，以 Q_2 离石黄土为主。Q_2 黄土淡褐黄色，厚度大于 100 m，内夹多层红色古土壤层（见图 2-21）。

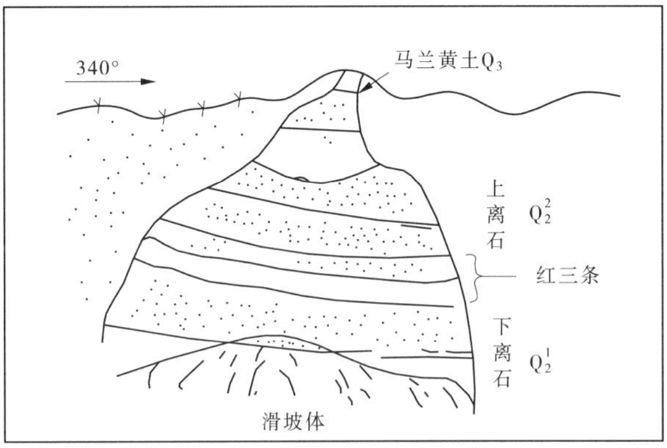

图 2-21　黄土分层剖面

黄土层中滑坡很多，此点可见多个黄土滑坡体（见图 2-22）。

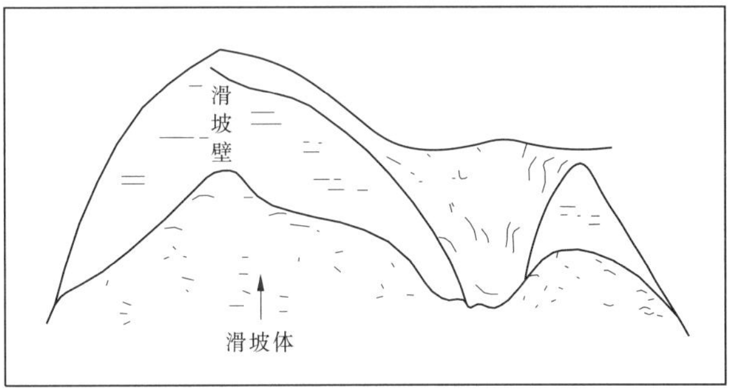

图 2-22　黄土中小型滑坡示意

此点还可以见到两级小型阶坡，但阶坡面多呈弧形（见图 2-23）。

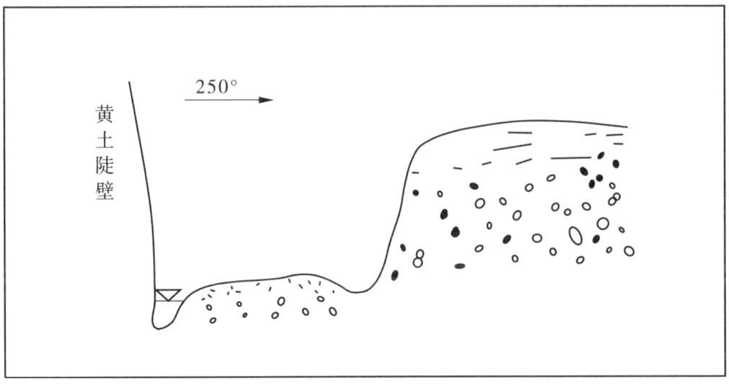

图 2-23　阶地物质构成

L002

点位:L001 点南行约 150 m。

点性:晚第三系网纹状黏土。

此点出露网纹状黏土,成分由料礓石(姜石)+灰色黏土组成。处在冷水沟组上部,称为白鹿原组,可能为局部水淹产物。

L003

点位:L002 点南约 500 m

点性:观察黄土滑坡。

此处有一渡槽,点西可见河漫滩沉积。点东发育一小型滑坡,依据滑体与滑坡壁河床沉积层错开的距离判断,滑距可达 8~10 m。

L004

点位:冷水沟组砂、页岩。

点性:褐红色、硅质胶结、粗粒砂岩。

此岩层有明显韵律变化,显示环境的振荡循回变化(见图 2-24)。

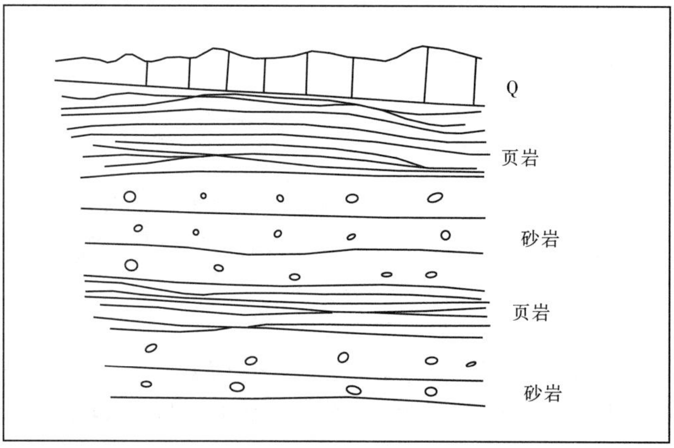

图 2-24　冷水沟组地层韵律示意

L005

点位:骊山金矿小水坝上。

点性:Ar 太华群片麻岩中的深切曲流和 Mz 中的推覆构造。

河流以前位置较高,后来地壳快速上升,河流弯曲形态尚不及改变时就已发生下切,造成深切曲流形态。断面近水平的逆断层称为推覆构造。

五、周至县黑河水库

H001

点位:黑河水库。

点性:秦岭—渭河盆地盆山关系。

秦岭造山带经历了古生代-印支期板块俯冲碰撞造山作用,形成了地质意义上的造山带的主体构造格架,之后又遭受了中新生代陆内逆冲—伸展—逆冲—块断等多期次构造的叠加改造。

现今的秦岭主要是中新生代多次隆升的结果,表现为中生代沿秦岭南北缘分别向扬子、华北逆冲推覆隆升,尤其是古近纪以来沿造山带北缘正断层控制下的差异隆升。渭河盆地咸阳地区钻井资料揭示,钻深 5 217.7 m(Q=977.5 m,N+E=4 240.21 m)尚未打穿古近系;同时,太白山主峰海拔 3 787 m。因此,秦岭古近纪以来相对隆升高度至少在 9 004.7 m(尚不计算秦岭山脉剥蚀部分)。

北秦岭地区的深切曲流河,并有废弃的牛轭湖,显示秦岭晚近时期的隆起。

H002

点位:黑河两凉亭。

点性:北秦岭宽坪群岩石构造组合、构造变形特征。

宽坪群原划分为广东坪组、四岔口组和谢湾组,主要由绿片岩(基性火山岩)、绿泥石英片岩、云母石英片岩(碎屑岩)和大理岩(碳酸盐岩)组成。分布于北秦岭构造带北侧,呈东西向狭长带状出露,由强烈变形的、变质达到绿片岩相-低角闪岩相的变质岩系组成,是由不同岩类、不同构造环境的构造岩块、岩片逆冲叠置而成的构造组合体,现有的研究表明,原定宽坪群主要包括中新元古代蛇绿岩和 600 Ma 至早古生代的沉积碎屑岩系。

宽坪群绿泥石英片岩和云母石英片岩原岩为沉积碎屑岩,经历了多期构造变形的叠加改造。碎屑岩地球化学、碎屑锆石 U-Pb 同位素年代学研究表明,物源具有双源性,分别来自北侧的太华群和南侧的秦岭群。

H003

点位:柳叶河。

点性:北秦岭二郎坪群、上古生界-下三叠统岩石构造组合、构造变形特征。

柳叶河属于黑河支流,位于黑河水库上游约 15 km 处黑河右岸,处于水库洄水区末端,见图 2-25。柳叶河剖面主要出露北秦岭仅有的几处上古生界-三叠系地层之一。剖面上自北而南,依次为北秦岭斜峪关群(二郎坪群)、上石炭统、中上二叠统、下三叠统。总体呈现为多个构造岩片逆冲叠置关系,以古生界地层紧闭褶皱变形、却不变质为特征。

斜峪关群相当于东秦岭的二郎坪群,本剖面北段主要出露其浅变质基性火山岩段。向南逆冲于石炭系砾石之上,破坏了原始的角度不整合关系;二郎坪群火山岩主要包括超

图 2-25 柳叶河位置图

基性岩、基性火山岩，以及少量酸性火山岩，夹有放射虫硅质岩。其中，基性火山岩主要有 E-MORB 和 IAB 型，锆石 U-Pb 同位素年龄为 470~450 Ma，并含有寒武-奥陶纪化石。综合地质、地球化学、年代学研究结果，并与商丹带蛇绿岩对比分析，认为二郎坪基性火山岩(蛇绿岩)形成于古生代弧后盆地。

石炭系下部为块状杂碎岩，砾石主要为硅质纹层状白云岩、石英岩、变粒岩、大理岩、片麻岩，粒径多在 30~50 cm，并于路基下可见 2.5 m×1.2 m 的碳酸盐岩巨砾。该杂砾岩之上则主要为磨圆和分选较好的石英砾，以及少量变粒岩和大理岩砾岩层，粒径多在 1~5 cm；再向上则依次变化为粒径在 1~2 cm 的砾岩层和含砾粗砂岩。石炭系逆冲于南侧的二叠系之上，应形成于造山后的断陷盆地边缘。

二叠系主要为紫红色含砾泥岩、泥岩夹厚层状砂岩、含炭砂质泥岩，岩性与华北中-上二叠统石盒子组、石千峰组，以及下三叠统刘家沟组、和尚沟组岩性类似，形成于炎热-干旱气候条件下的河湖相沉积建造。其中，发育大型交错层理，上三叠统下部主要为灰白色厚层状石英细砾岩、砂砾岩、长石石英砂岩和泥砂质板岩；上部则为含炭泥岩、砂质板岩与中细粒石英砂岩、长石石英砂岩互层，可与鄂尔多斯延长组对比，仍为河湖相沉积。南段出露有大理岩，应为二郎坪群大理岩块体。

在实习重点地段的柳叶河沟谷区，出露地层主要为晚古生界石炭系和二叠系硅质胶结砂岩层，其上为侵入蚀变带，蚀变带内广泛发育宽坪群板岩、千枚岩和少量片麻岩，并可见砾岩透镜体。柳叶河谷与黑河交汇处可见清晰褶皱(背斜)剖面，其南西翼折断形成断层，为柳叶河谷的形成与侵蚀提供了地质背景(见图 2-26、图 2-27)。沿河谷上行，两岸岩体节理裂隙发育，沟谷河流内多见滚石，大小不一，部分岩石面有清晰擦痕。进一步踏勘发现，河谷右岸发育一大型滑坡体，推测为河谷深切断盘一侧，形成临空面后发生的滑移。同时，沟谷两侧路堑边坡上也可见河流冲洪积物，但规模较小(见图 2-28、图 2-29)。

图 2-26　柳叶河与黑河交汇处褶皱

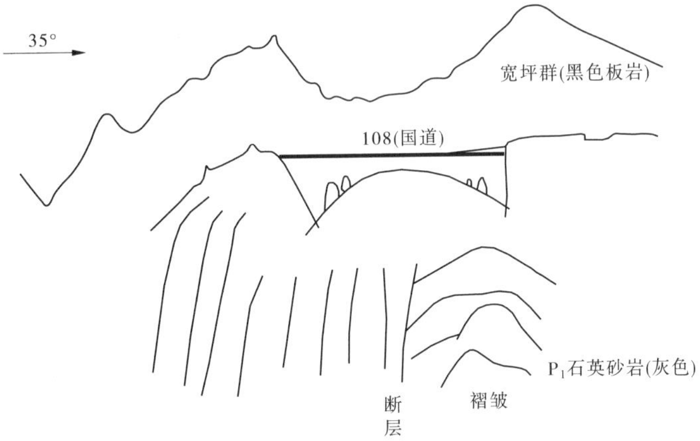

图 2-27　柳叶河河口处地质剖面图

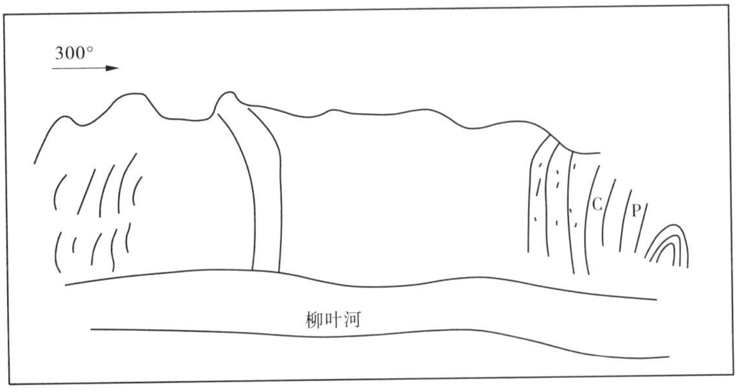

图 2-28　柳叶河河谷纵剖面

图 2-29　柳叶河右岸滑坡体

地质实践课程应用思政方向性材料简编

一、创新是工程建设中利用与改造地质条件的灵魂

借助工程地质学科发展的驱动力分析，利用实例列举，突出创新意识、创新方法对于缩短建设期、提高建筑安全性、降低建设费用的重要意义，并进一步上升到对党和国家制定相关方针、策略的前瞻性、正确性。

地质学概念的形成与提出是前人在发掘分散在各个学科中的零散知识后的汇总与归纳，最后形成的比较有体系的理论。我国的赵州桥桥基处理的技术创新、地下岩体岩性构造观测的电测方法的提出、由我国承担的美国坍塌事故的旧金山-奥克兰海湾大桥修复的(抗震弹性铰管梁)创新性处理、哈萨克斯坦安帕铁路卡姆奇克隧道(涌水与岩爆对策)地质状况勘测与处理方法创新等。突出强调创新意识、创新方法对于缩短建设期、提高建筑安全性、降低建设费用的重要意义，并引申出我国创新发展战略制定与执行的重大意义，点明党和国家制定相关方针、策略的前瞻性、正确性，鼓励学生在学习和未来工作中树立创新意识，实践创新发展。

美国旧金山-奥克兰海湾大桥受到地震而断裂，经本国人员一番维修，再次发生断裂。美国先是找到在防震领域有着丰厚经验的日本公司，但日本公司却无能为力。无奈之下，美国找到中国公司，以 64 亿美元的价格将重建一座旧金山-奥克兰海湾大桥的核心工程交给了中国公司。2013 年 9 月 2 日，一座全新的旧金山-奥克兰海湾大桥正式通车。修复过程中，中国工程技术人员在高架桥悬挂连接中创新性地引入抗震弹性铰管梁技术，完美解决了抗震等级高和结构弹性冗余大的要求。

二、大国工程中见证工匠精神

苏联著名矿物学家、地球化学奠基人维尔纳茨基的名言“地壳表层就好像是饱含着水的海绵”。通过海绵吸水引出岩石空隙的基本概念。在讲授岩土中的空隙和水的相关知识时，围绕中国制造和大国工程的课程思政元素，在介绍专业知识的同时结合三峡工程、港珠澳大桥等工程实例，引导学生关注新兴城镇建设、大型基础设施工程、海洋强国战略等，指出这些工程都离不开水文与工程地质专业的理论技术，学习水文与工程地质学专业知识是建设大国工程的基础，从而把握专业基础知识与国家大政方针之间的内在逻辑。

三峡工程是世界闻名的超大库容和超高发电量工程。枢纽主要建筑物由大坝、水电站和通航建筑物三大部分组成。大坝为混凝土重力坝，坝轴线全长 2 309.47 m，坝顶高程 185 m，最大坝高 181 m。水电站由坝后式电站、地下电站和电源电站组成，总装机容量 2 250 万 kW，多年平均发电量 882 亿 kW·h。三峡工程建设过程中发现船闸高边坡和二期深水围堰的地下水渗流问题，经充分调查，采取帷幕灌浆、地下防渗墙联合使用的方式，成功地解决了问题，保证了工程的顺利实施和按时完成。工程建设者们一丝不苟和精益求精的工匠精神表现得淋漓尽致。

港珠澳大桥总长 55 km，是连接香港、珠海和澳门的超大型跨海通道，是目前世界上最长的跨海大桥。它包括了海中桥隧主体工程，以及香港、珠海、澳门三地口岸和连接线。其中，主体工程由 6.7 km 长的人工岛、海底隧道和 22.9 km 长的桥梁组成。港珠澳大桥是中国建设史上里程最长、投资最多、施工难度最大的跨海桥梁！被英国《卫报》评为“新

世界七大奇迹”之一！而在其隧道和人工岛的施工中，腐蚀性地下水施工降水问题的解决至关重要。工程建设者们在严格遵循规范基础上先进行了细致的实验和巨量的计算，最后分别给出了隧道施工降水设计、隧道接合部施工降水设计和人工岛围堰基坑降水设计方案，工程运用后效果良好，显示了中国工程技术人员规范、严谨的科学态度和高超的技术理论运用技能，激励了水利学子们学知识、练技能的热情，以及身为水利人的自豪感、社会责任感、大国情怀及强烈的专业认同。

三、“绿水青山就是金山银山”是水利工程建设地质条件利用与改造的背景与方向

从我国水利工程建设的辉煌历史和取得的伟大成就入手，点明水利人的自豪与骄傲毋庸置疑。指出一切水利工程建设都离不开对地质条件的选择。利用都江堰、大运河及三峡工程等工程实例，明确水利工程建设对六类地质条件要求的内涵，强调保持工程建设各个阶段中人类活动与自然环境的和谐不仅是可持续发展的要求，也是保持人类工程安全稳定性的必要前提的理念。在此基础上，指出水利工程建设中保持人与自然环境和谐发展的必要性，而对有利条件的运用和不利条件的改造与防治实际就是建设过程不要过于危害自然环境固有体系维持稳定的阈值，保持人与自然环境的和谐共处。激励学生肩负起保护和维护“绿水青山就是金山银山”的坚定信念和与自然和谐发展的主体意识和社会责任，点明我国和谐发展理念提出与执行的重大意义。

提出应做到在工程规划中就注入环境保护意识，施工中注意保持固有景观，工程完工后要及时进行环境恢复，就是水利工程建设中做到人与自然环境之间和谐共处的实践措施，由此可以减少因为人类工程活动而造成自然环境巨变，发生灾害性的震荡，反而危害人类自己和所建工程的安全稳定。《吕氏春秋》中说：“竭泽而渔，岂不获得？而明年无鱼；焚薮而田，岂不获得？而明年无兽。”以这类名言警句作为理论深化，同时从和谐发展的重要性出发，引申出我国和谐发展理念提出与执行的重大意义，点明党和国家制定相关方针、策略的前瞻性、正确性，鼓励学生在学习和未来工程建设中树立和谐发展意识，实践与自然环境的和谐共处。巩固学生的爱国主义情怀，培养学生保护自然环境，自觉参与和谐发展战略的社会责任感，形成活跃、主动的生态文明建设联想。

四、地下水保护与生态文明建设

通过横向对比地下水污染与地表水污染分析地下水污染的特点，论证说明地下水污染防治的基本方法和相关的原理。指出地下水多数情况下是一种层流形式的渗流运动。阐明层流可以用达西定律描述其运动状态，引出渗透系数的概念和其重要性，进而提醒同学们注意渗透系数的单位为 mm/d，点明地下水运动的缓慢性。说明地下水污染后净化的困难性，播放动漫视频，展开地下水保护必要性的宣讲与总结。

介绍近年在全国刮起的环保风暴及国家部委改革对环保的重视，并引入地下水污染的新闻。2017 年 6 月多家媒体报道，河北等地发现多处污水渗坑，对当地环境造成威胁。环境保护部会同河北省政府立即组成联合调查组赶赴现场进行了调查。引导学生对地下水污染途径的思考及从地下水污染防治角度目前还有哪些工作可以去做。从公众监督，

到政府跟进，再到企业治理，让华北渗坑污染事件走了一个完整的环保逻辑链条，引导学生思考地下水污染可能对生态环境及社会文明建设产生的影响。

通过讲解地下水污染的防治方法，让学生了解地下水污染科学关注的主要方向，让学生明白地下水污染重点在哪，治理就需要花费大量的人力、物力、财力。党的二十大报告强调“推动绿色发展，促进人与自然和谐共生”，这激励学生掌握好相关知识与技能，为中国特色社会主义建设服务，增强学生的历史责任感、专业自豪感。

五、从地下水动态中领悟黄河流域生态保护和高质量发展

从黄河是“地上悬河”的纪录片导入，引导学生思考黄河与其流域地下水之间密不可分、相互影响、相互补给的关系，思考地下水动态的实质。展示潜水动态曲线、苏联卡明草原地下水位变化图，重点展示黄河水位变化对潜水的影响、黄河流域地下水位动态曲线。同时，围绕习近平总书记在黄河流域生态保护和高质量发展座谈会上的讲话的主题，引导学生掌握河流与地下水动态间的关系，掌握将来从事地下水动态监测的技能，把握专业基础知识与国家大政方针之间的内在逻辑，了解地下水动态研究在生态文明建设中所处的位置。

黄河是中华民族的母亲河。习近平总书记一直很关心黄河流域生态保护和高质量发展。党的十八大以来，他多次实地考察黄河流域生态保护和发展情况，多次就三江源、祁连山、秦岭等重点区域生态保护建设提出要求。保护黄河流域的生态环境，发展黄河流域的经济，就必须掌握黄河流域地下水动态，地下水动态与黄河流域的各方面都是息息相关的。

参 考 文 献

[1] 严宝文,程建军.工程地质及水文地质[M].2版.北京:中国农业出版社,2017.
[2] 戚筱俊.工程地质水文地质[M].2版.北京:中国水利水电出版社,1999.
[3] 曾佐勋,范光明,刘强,等.构造地质学实习指导书[M].武汉:中国地质大学出版社,2016.
[4] 曹剑峰,迟宝明,王文科,等.专门水文地质学[M].北京:科学出版社,2007.
[5] 李佩成.地下水动力学[M].北京:中国农业出版社,1995.
[6] 刘俊民,余新晓.水文与水资源学[M].北京:中国林业出版社,1999.
[7] 边秋娟.结晶学及矿物学[M].2版.北京:高等教育出版社,2011.
[8] 王立峰.岩浆岩岩石学实验教程[M].北京:地质出版社,2015.
[9] 朱筱敏.沉积岩石学[M].北京:石油工业出版社,2020.
[10] 桑隆康,马昌前.岩石学[M].2版.北京:地质出版社,2012.
[11] 刘春原.工程地质学[M].北京:中国建材工业出版社,2000.
[12] 王大纯,张人权,史姣虹,等.水文地质学基础[M].北京:地质出版社,1995.
[13] 水利部国际合作与科技司.水利技术标准汇编[M].北京:中国水利水电出版社,2002.
[14] 中华人民共和国建设部.岩土工程勘察规范:GB 50021—2001[S].北京:中国建筑工业出版社,2002.